U0031737

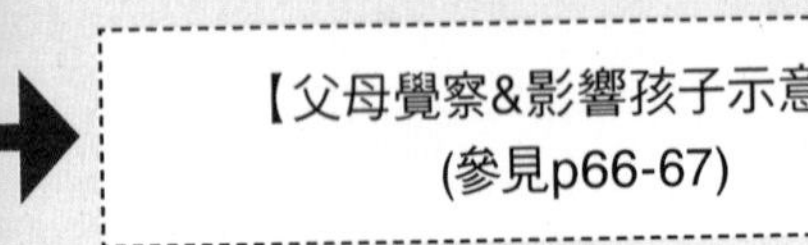

【父母覺察&影響孩子示意圖】
(參見p66-67)

3步驟打造
「親子共好」互動關係！
(參見下頁)

【父母回應影響孩子示意圖】
(參見p.174)

重新找回良性循環

3步驟打造
「親子共好」互動關係！
(參見下頁)

【正念教養Memo】

父母正念教養的兩大時機點

衝突起點	孩子的行為 哭鬧、情緒化、依賴、霸道……
未爆地雷	父母的情緒 莫名煩躁、無法忍受……
契機1	覺察到自己的情緒過激
	沒有覺察
衝突引爆	父母做出錯誤回應或教養行為 （冷漠、指責或處罰）
	事後後悔（愧疚）
契機2	覺察到教養行為錯誤
	沒有覺察
	親子關係失連、破裂，形成孩子不安全依 (參見ch8、5~6)

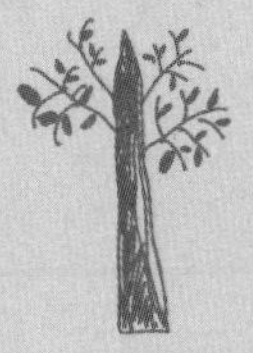

Step2

確認孩子行為原因

先確認孩子的問題行為
跟生理、心理發展有無關聯？

孩子現在是右腦發達，還是左腦發達？
他是故意犯錯？還是犯錯本來就是正常的？

□ **一至二歲寶寶；**這階段寶寶基本上是右腦動物，當父母了解如何運用自己的右腦和孩子互動，有助於親子關係。

□ **學齡前兒童；**連結左右腦的胼胝體尚未成熟，不易用話語表達感受，常遭到父母誤解是愛亂發脾氣。

□ **小學階段；**孩子的左腦大量使用，甚至勝過右腦，因此幫助孩子發展右腦，並與左腦整合很重要。常和孩子談談他們的想法、回憶和感覺，可以深化孩子自我認知和提升社交技巧，培養孩子辨別情緒與體諒別人的能力。

OK

衝突後，建立
親子良性互動循環

保持彈性回應溝通(ch4)
➡ 修復關係(ch8)
➡ 同理對話(ch9)
➡ 連結情緒(ch3)
➡ 認同自己(ch2)
➡ 建立安全性依附關係(ch5~6)

【正念教養Memo】
3步驟打造「親子共好」的互動關係！

Step by Step！
改變關鍵階段的當下想法，就能扭轉教養態

Step1

父母自我覺察

先思考自己的過往經驗，
是否影響了自己的教養態度！

你的教養習慣是左腦模式還是右腦模式？
常用邏輯思考孩子的問題，還是同理孩子的情緒？
你是因循習慣教養，還是有自覺的正念教養態度？

陪伴孩子常心有旁騖VS.專注當下，秉持正念教養之心
慣性管教，事後又後悔VS.暫停一下，採取有彈性的反應
只看到孩子行為的表象VS.直觀孩子的真實想法
糾結在當下的情緒VS.享受和孩子相處時刻

Step3

重新調整有助孩子成長發展的互動模式！

✗ 當父母只顧及自己當下憤怒、無奈的感受，而不了解孩子內心的想法，在和孩子建立親密且有意義的關係時，就可能遭遇困難。

✗ 當父母一味尊重孩子的想法，卻忽視自己內在的感受，就可能在替孩子行為設限上遇到困難。

✓ 父母必須滿足孩子對愛和撫育的需求，同時建立經驗，把規範帶進複雜的親子互動關係中，即使發生親子衝突，記得找回良性互動循環，才能成就親子共好的互動關係。

Parenting from the
Inside out
How a deeper self-understanding
can help you raise children who thrive

不是孩子不乖 是父母不懂

腦神經權威×兒童心理專家
教你早該知道的教養大真相！

［暢銷修訂版］

腦神經權威**丹尼爾・席格** Daniel J. Siegel, M.D.
兒童心理學家**瑪麗・哈柴爾** Mary Hartzell, M.Ed. ／著
吳治勳、楊啓正 繁體中文版／專業審定
李昂／譯

國際推薦

每個家長都該讀《不是孩子不乖，是父母不懂！》。本書大量介紹了其他教育類書籍中不常見的大腦發育相關知識。本書會讓你在看著孩子學習和成長時，體會到更多樂趣。

——貝蒂・愛德華《像藝術家一樣思考》作者

這本書不僅是給立志成為「好父母」的讀者看的，對任何想要深入了解人類心理，認識自身本質的人都很適合。它有助於我們改善自己和他人的關係，尤其有利於增進親子間的感情。

——蜜雪兒・菲佛（母親、知名藝人）

兩位作者合著的這本書深具啟發性，書中介紹了一種實用的教育方式，能夠幫助父母與孩子進行有益的情感溝通。教育子女不單單是我們的工作，也能幫助我們完善自己。身為七個孩子的母親，這一直是我的床邊案頭書。

——凱蒂・卡普蕭（導演史蒂芬史匹柏之妻）

這是一本非常優秀的書籍，傳達了積極正面的資訊。我很欣賞本書能側重於親子之間的情感連結、溝通以及完善自我認知對親子關係的重要性。父母們肯定會對這本書產生濃厚的興趣，並從中獲益。

——艾倫．索洛夫（《情緒發展—早期情緒經驗結構》作者）

所有父母都該讀這本書。養育子女是世界上最重要的工作，這本書可以讓這項工作變得更輕鬆。

——哈洛德．柯菠維茲（紐約大學兒童研究中心主任）

本書介紹了一種全新的、富有啟發性的教育方式。

——艾倫．葛林斯基（美國家庭與工作協會會長）

本書告訴父母們應該如何理解和處理自己兒時的經驗，有助於親子之間建立起健康溝通、緊密連結、互相信任的關係。

——薩爾．賽維爾《我家幼兒教養好》作者

推薦序——

養兒育女——一門學校不教的自我成長課

資深媒體人、知名親子作家 陳安儀

在我們這一輩子中，有許多能力是要靠自己摸索而來，學校老師不會教，也沒有人專門開這堂課——「養兒育女」正是其中之一。

「養兒育女」同時是一個很奇妙的過程，除了邊做邊學之外，這整段過程也會讓人領悟許多新的人生道理，享受到無法言喻的滿足與幸福，更重要的是，它會不自覺地讓你回溯童年往事、成長過程，宛若重新再生一次。

很幸運的是，目前坊間教導父母如何養育孩子的書籍愈來愈多，也讓茫然不知所措的父母，有了可以參考依附的方向。像是這本《不是孩子不乖，是父母不懂！》，就結合了兩位不同領域的專家——腦神經科學專家與兒童心理專家，共同撰寫。本書非常專業的把教養問題提升至學理的部分，讓一般讀者除了「知其然」，更可以「知其所以然」，從人類腦部記憶體學理去了解我們記憶、學習與認知的建構模式，進而去了解自己，怎樣從自省以往的成長經歷，重新正面學習去照顧、教養自己的孩子。

前一陣子，我八歲的兒子在學校裡看了一本鬼故事。本來膽子挺大的他，竟嚇得晚上一個人站在樓梯間大哭，不肯自己上樓去洗澡、上廁所。無論我說好說歹，耐心勸說他世界上

沒有鬼、或是「生平不做虧心事、夜半敲門心不驚」的道理，他還是無法克服書中逼真的描述，自己進浴室去洗澡。

眼看時間一分一秒過去，我的怒氣開始上升。突然間，就像本書所說「暫停一下，採取有彈性的反應」，我突然從兒子滿臉眼淚的模樣，回憶起自己小學四年級時，看了跟同學借來恐怖漫畫的心情。豁然，我的憤怒便被理解取代（也就是書中所提——直觀孩子的真實想法）。

於是我平靜下來，告訴兒子（效法本書「專注當下，秉持正念之心」），媽媽小時候也曾經像他一樣害怕鬼的「故事」。「今天媽媽可以陪你去浴室洗澡、陪你上廁所、陪你睡覺，但是，總有一天，你必須要自己克服這種莫名的恐懼。如果你能夠勇敢地鼓起勇氣，自己上樓去洗澡、上廁所，雖然今晚會很可怕，但過了今晚，你就會知道，鬼故事只是鬼故事，不值得害怕了！」

因為回想起自己小時候對付「害怕鬼故事」的過程，我摒棄了哄勸與陪伴的方式，改而鼓勵他鼓起勇氣自己克服。果然，兒子一把眼淚一把鼻涕的上樓後，稍晚我上樓探視他，他的情緒已經完全恢復正常，從此以後，他再也沒有提過「怕鬼」這件事了。

等他洗完澡，我們在床上摟抱時，我開玩笑地對他說：「你看，雖然很恐怖，但鬼並沒有出現是不是？媽媽是不是比鬼可怕多了？」

我兒子笑了，我知道我們共同走過了「怕鬼」的這一關，而且「媽媽比鬼可怕」這句話成了我們之間的一個玩笑祕密。就像本書所述，「在教養的同時，我們也盡情地享受相處的每一刻！」

推薦序——

成為稱職的父母之前，先認識自己

台北市立聯合醫院仁愛院區精神科醫師 王怡仁

甫自英國倫敦進修一年返台的我，正思考下一個目標要如何設定時，赫然於郵件中發現這本書的推薦邀請函。看到兩位作者的背景後，便興味濃厚地請出版社將全文書稿寄給我看看。從事臨床工作多年，我覺得結合了臨床精神醫學教授與幼教心理學專家的著作，應該對於這個領域是有所貢獻、精采可期的！

果不其然，書中的幾個觀點證實了我的想法：

一、記憶與覺察：與內在小孩相遇——「讓人心煩意亂的不是孩子，是我們自己！」這個章節中，深入淺出地運用一些案例說明自我覺察的重要性，也從神經生理、神經解剖的理論角度，據此用科學觀點作一連結，十分具有說服力。

二、情緒與連結：了解自己和孩子的情緒，是建立溝通的第一步。這個章節提到，從共鳴、感同身受到同理心，是親子溝通融洽的基礎。此外，運用鏡像神經元及大腦邊緣系統，進行科學論證。

三、為什麼你和孩子又親密又疏離？提醒父母思索，過去是否曾有未處理或未解決的創傷與失落經驗？對此，作者提出高層次路徑、低層次路徑與大腦皮質特定區塊的關聯性，加強神經生理方面的科學論述基礎。

從事兒童青少年心智相關臨床工作，經常處理親職教養相關問題，常有家長詢問我能否推薦合適的親職教養相關書籍。我認為此書不啻是為人父母者最理想的閱讀書籍，十分適合父母們去省思自己與子女的關係。同時，提醒為人父母者，在關注孩子時，除了傾注感情外，別忘記要照顧自己、認識自己。

目錄

CHAPTER 1
記憶與覺察
與內在小孩相遇
——讓我們心煩意亂的不是孩子，是我們自己！

CHAPTER 2
故事與認同
說我們的生命故事，和孩子一起成長！

CHAPTER 3
情緒與連結
了解自己和孩子的情緒，是建立溝通的第一步！

CHAPTER 4

回應與溝通

建立親子間親密的連結路徑

CHAPTER 5
依附與互動
孩子迎向世界的安全堡壘
——你和孩子的依附關係是哪一種？

CHAPTER 6
反思與改變
找出自己的問題，才能改變孩子！
——解讀生活，找出成人自己的依附關係

CHAPTER 7
思考與行為模式
為什麼你和孩子又親密又疏離？

CHAPTER 8

失連與修復

面對親子衝突，怎麼與孩子好好和好？

CHAPTER 9

反思性對話與同理

觀直智心展發能力，以身作則，讀懂孩子的心

前言——

你知道嗎？童年經歷會影響你的教養模式

你知道你對童年經歷的理解會影響教育子女的方式嗎？在本書中，我們將探討「自我認知」會對養育子女產生何種影響。幫助你更深入地了解自己，建立更具效能及和諧的親子關係。

隨著年齡增長和深化自我認知，我們逐漸有能力提供孩子一個情緒安適、健康成長的安全環境。

兒童發展的研究證明，孩子對父母的安全依附感與父母對自己早年經驗的認知，兩者的關係密不可分。

與大多數人的想法不同的是，你早年的經驗並不會決定你人生的走向。

如果你擁有不快樂的童年，但以正確的方式看待那段經歷，相同的負面情緒不會重現在你的孩子身上。然而，如果你缺乏自我認知，研究證明你很可能會重蹈覆轍，因為負面的家庭互動模式會代代相傳。

本書將告訴你：如何正確看待「童年」會對你的人生和對你怎樣教育孩子有哪些影響，並幫助你找到過去生活的意義和未來生活的目標。

當我們為人父母後，便神奇地再一次擁有獨立成長的機會，因為我們將重返親密的親子關係中，然而這一次我們要扮演的是全新的角色。

經常聽到有些父母說：「我從沒想過會對孩子說出或做出那些曾在兒時讓自己感到受傷的言語或行為，但我發現自己正在這麼做。」

在初為人父母時，我們都想和孩子建立充滿愛的教養關係，但卻陷入重複、固定的模式中，而這只會對這樣的親密關係產生負面影響。

理解過去生命的意義，可以幫助為人父母者從舊有的模式中解脫，拋開過去的枷鎖。

從過去的枷鎖中解脫，才能建立穩定的親子關係

父母與孩子溝通的方式，對孩子的成長影響很大。細心、互動頻繁的溝通方式可以帶給孩子安全感，建立信任、安全的親子關係有助於孩子在未來許多領域上的發展。而我們如何看待自己的早年經驗，將會影響我們與孩子溝通、幫助他們建立安全感的能力。

了解過去生命經歷的意義可以幫助父母正確處理自己積極（或消極）的童年經驗，接受它，並把這些經驗當作構成我們當下生活的一部分。

我們不能改變童年時發生的事，卻可以改變自己看待這些事情的方式。

改變思考人生的方式，意味著我們必須察覺「當下的經驗」——包括情感和認知，同時也要明白「過去的事情如何影響現在」。了解自身儲存記憶以及自我定位的方式，可以幫助

我們了解「過去如何影響現在的生活」。

為何我們對自己的生活有清晰的認知，可以幫助子女？

因為唯有從過去的枷鎖中解脫，我們才能和孩子建立起他們成長所需自然、穩定的親子關係。**當我們對自身的情感經驗認識得愈透徹，愈能順暢地和孩子溝通，並能增強他們認識自我的能力，確保身心健康。**

研究證明，如果我們無法正確面對和認識幼年的經驗，就會影響孩子對父母的依附感（參見一四七頁）。缺乏自我反思會導致歷史重演，在這種情況下，父母很容易將自己過去不健康的行為或心智模式傳給孩子。透過反思過去的生活經歷，我們可以更深入了解自己，在與孩子溝通的過程中，也能融合自身的情感經驗和對世界的看法。正確理解自己的生命歷程就可以避免我們曾遭遇的不幸在孩子身上重演。

孩子的人格發展會受到諸多因素影響，包括基因、本性、身體健康以及個人經驗。親子關係是孩子童年經驗的重要環節，會直接影響孩子的人格養成。孩子的情緒智商、自尊心、認知能力，以及社交技巧的養成基礎，和他對父母的依附關係息息相關。父母如何思考並面對自己的生活，會影響這種關係的發展。

但是即使我們能充分地了解自己，孩子們的人生道路還是要靠自己往前走。雖然我們可能會以自身的見解為孩子提供穩固的基礎，但「父母」角色的目的是協助孩子成長，而非保證其結果。

研究證明，與周遭環境有積極連結的孩子在生活中遭遇挫折時，擁有更強的復原力。我們若想與孩子建立正面的關係，就必須坦然面對自己。在反思過程中，你可以同時加強人生故事的連貫性並改善與孩子的關係。

沒有人的童年「完美無瑕」，有些人的經歷甚至更坎坷。然而，即使過去經歷很多苦難的人，也能在處理好那段過去的同時，和孩子建立起有意義、有價值的關係。

研究證明，擁有一對不稱職的父母或童年是在傷痛中度過的人，依然可以找到生命的意義，與人建立良好關係。我們過去遭遇什麼固然重要，但對孩子來說，更重要的是我們如何處理和理解那些事情。

我們終其一生都會不斷有改變和成長的機會。

關於作者——

兒童精神科醫師與親職教育專家的教養力作

兩位作者在本書中分享了他們與家長和孩子接觸的專業經驗，丹是兒童精神科醫師，瑪麗則是幼兒和親職教育專家。兩人皆已為人父母，丹的孩子正處於學齡期，而瑪麗的孩子已經成年，也有了自己的孩子。

瑪麗從事兒童和家庭教育工作超過三十年，她設立了一間托兒所、教育兒童、家長以及老師、並且為家長提供個別諮詢服務。這些經驗讓她有機會分享許多家庭的生活，了解父母們與孩子溝通時所遭遇的挫折與歡樂。在思考讓自己開設的親職教育課程更完善的同時，瑪麗發現如果父母有機會反思自身的童年經驗，在養育子女的過程中會做出更有效的選擇。

瑪麗和丹第一次見面是在丹的女兒就讀瑪麗設立的幼稚園時。這所學校重視兒童的情感經驗，並注重培養孩子、家長和教職人員的良好素質及創造力。那段時期，丹在親職教育委員會工作，曾為家長和教職人員發表多次關於大腦發育的演講。後來，瑪麗和丹意識到彼此對於親職教育的理念非常契合，於是決定共同開設這門有意義的課程。

丹對幼兒發展的興趣以及身為兒童精神科醫師的工作性質，為兩人的研究提供了全新且互補的觀點。十多年來，丹致力於把各種不同學科歸納成一個成熟、完善的體系，幫助人們

更清楚理解心智、大腦及人的關係。這種科學觀點統稱「人際神經生物學」，如今應用在多種關於心理健康和情緒安適的專業教育專案裡。

丹的《人際關係與大腦的奧祕》（The Developing Mind，洪葉出版）一書出版時，他正和瑪麗合作教授教育課程。家長們的熱烈反應讓他們萌生合作出書的想法。很多家長在課程中提到，丹和瑪麗的觀點幫助他們更深入了解自己、更有效地跟孩子溝通。

家長們對兩人勸說：「你們為什麼不合作，這樣一來別人也能獲得這門課程帶來的知識、智慧與力量了。」

很高興有機會與讀者分享整個過程，希望本書可以讓你輕鬆、有效地掌握增進親子關係和深化自我了解的方法。期待本書可以幫助你和你的孩子從彼此身上獲得更多歡樂。

關於本書——

第一本全方位教養專書

這不是一本「教你怎麼做」的書，而是一本「我們怎麼做」的書。我們將會藉由檢視記憶、認知、感覺、溝通、依附、理解、失連和修復，以及跟孩子一起反思內在經驗等過程，發掘「養兒育女」這門學問的全新觀點。

我們會探索與親子關係相關的最新研究，並跟腦科學的新發現結合。透過檢視父母的感知及溝通方式，一個嶄新的觀點將會成形，幫助我們更了解自己、孩子，以及親子關係。

每一章最後的「聚焦：大腦運作vs.教養模式」，為讀者提供教養相關的科學知識。這些知識涵蓋層面廣、有深度且易理解，為書中很多理念提供了科學根據，希望能帶給讀者啟發，閱讀這部分的內容可以獲得大量與育兒相關的跨領域知識。

任何單一獨立的方法都有其局限性，本書將使用跨領域研究的方法來獲取知識：從人類學到心理學，從腦科學到精神病學、語言與教育學以至人際溝通方式的研究成果進行探討分析。這種跨學科方法，已被美國心理與文化研究基金會支助的加州大學洛杉磯分校「文化、大腦與發展中心」（The Foundation for Psychocultural Research-UCLA Center for Culture, Brain, and Development）運用於教學中。

科學領域中有句話說：「機會總是留給有準備的人」。了解人類發展經驗的科學知識有助於你更深入了解自己和孩子的情感生活。無論你讀完每一章後看「聚焦：大腦運作VS.教養模式」，還是讀完全書後再看，都能透過自己喜歡的方式學習知識、獲得進步。

各章末的「教養練習題」可以幫助父母深化自我認識、完善人際溝通。父母們可以經由這些練習自我反思，更透徹地認識過去和現在，進而改善親子關係。

也許你會發現，記錄練習過程中的感想可以幫助你更深刻地反思、更全面地看待自己，從過去的糾結中解脫，更認識自己。你可以用自己喜歡的方式，比如繪畫、反思、敘述或者敘事。有些人非常排斥寫作，比較願意冥想或向朋友傾訴；有些人對某件事情有感而發時，習慣記錄下來。選擇你喜歡的方式。只要態度真誠、認真思考，這種練習會令你獲益良多。

閱讀前先想想——

因循式教養習慣VS.正念教養態度，你是哪一種？

本書會引導你在自我了解和人際關係的原則上，找到適當的育兒之道。親子關係的幾個定位點可以歸納為正念（mindfulness）、終生學習、彈性回應、心智直觀（Mindsight）和愉悅生活。

心不在焉VS.專注當下，秉持正念

秉持正念是建立親子關係的核心。當我們能維持正念，清晰地意識到自己的內心、覺察自己的感受，並且真誠地接納孩子的感受。當我們心思清明地活在當下，就能與人坦誠相對並尊重孩子的經驗。每個人看待事物的角度都不同，如果我們能秉持正念，就可以給予他人獨特的心智應有的尊重。

當我們秉持正念，全心扮演好「父母」這個角色，孩子就會擁有良好的成長環境。孩子並非二十四小時都需要父母，但在互動過程中，父母的陪伴非常重要。身為父母，保持正念意味著我們要明白自己正在做什麼。

孩子透過我們與他溝通的方式來認識自己，如果我們的心思被過去的事占據或為了將來擔憂，身體雖是陪著孩子，心卻飄遠了。為了孩子的情緒健康考量，你應該有意識地選擇自己的行為，孩子們就可以感受到父母的關心，在親子互動的過程中不斷成長，孩子也會更深刻地了解自己、更成熟地處理人際關係。

只注重孩子教養VS.教養孩子等同終生學習

教養孩子帶給父母再一次成長的機會，讓我們得以重新檢視和處理自己童年時期遺留的問題。如果我們把這項挑戰當成負擔，教養子女便成了一件苦差事。然而，當我們試著把這些問題當作學習的機會，就能不斷成長、完善自我。

保持終生學習的態度會讓我們用積極的心態去面對子女，把養兒育女當做一段精采的發現之旅。

人的心智終其一生不斷地蛻變成熟，大腦運作產生心智，研究大腦可以用更科學的方式了解自我。近來，神經科學研究指出，大腦內的神經連結甚至是神經元，終其一生都不會停止生長。神經元之間的連結對心智歷程的形成至關重要。經歷會形塑腦內的神經連結。因此，我們的經歷決定了我們的心智，人際關係和自我反思也會支持我們的心智發展：教養工作讓父母有機會幫助孩子建立開放的心態，因為我們會培養孩子的好奇心，鼓勵他們探索這個世界。

複雜且時有挑戰的教養之路，可以給予父母和孩子一起成長、不斷進步的機會。

不經思考，本能地直覺反應VS.暫停一下，有彈性的反應

能夠以彈性的方式反應，是身為父母者面臨的一大挑戰。彈性反應是一種透過整理多種心理活動（如衝動、觀點、感受）而做出適當反應的心理能力。

面對某種狀況時，懂得彈性反應的人不只是本能地做出直覺反應，而是經由思考，有意識地選擇適當的行為表現。相對於「反射式反應」，有彈性的反應牽涉到延遲滿足以及抑制衝動行為的能力。這是人類情感邁向情感成熟和擁有一顆同情心的基礎。

> 在某些情況下，我們彈性反應的能力會削弱。當疲憊、飢餓、沮喪、失望或者憤怒來襲，我們會無法深入思考，同時大幅降低行為控制力，過度沉溺在自己的情緒中，思緒不清。這時我們很難理性思考，往往會反應過度，帶給孩子壓力。

孩子會鞭策我們保持彈性並且保持穩定的情緒。對孩子來說，要保持自身情緒與外界生活的平衡非常困難。父母們可以學習掌握兩者之間的平衡，在不同情況下做出適當的反應，樹立榜樣，培養孩子彈性反應的能力。當我們具備彈性思考時，就可以理智地選擇自己的行為和教育子女的方法，採取積極主動的方式處理問題。

有彈性的反應能使我們克制各種情緒，並且在考量他人的觀點後再做出回應。當父母面對子女可以採取有彈性的反應，就能培養子女具備彈性反應的能力。

只看到孩子行為表象VS.直觀孩子的真實想法

心智直觀（Mindsight）[1]是一種覺察自我和他人內心的能力。

我們的大腦會創造出物體和概念的表徵，例如我們會在腦海中形成一朵花或者一條狗的影像，但腦海中並沒有一株植物或一隻動物，只有這些物體訊息的神經符號。心智直觀取決於大腦創造心理符號的能力，這讓我們得以專注於自身和他人的觀點、感受、知覺、感知、記憶、信念、態度以及意圖。這是大腦得以覺察並理解孩子以及我們自己的基本心智能力。

父母經常只根據孩子的行為表象做出反應，而忽視了孩子深層的內在心理因素。

有時候，我們只看到別人的某些行為，注意他人的做事方式，卻很少去思考行為背後的內在歷程。事實上，每種行為底下都有更深的心理層面，這往往是動機和產生行動的根源。這更深層的面向便是心智，心智直觀讓我們更專注在這些面向，而不只是事物的表象。

專注於孩子內心層面的家長，會幫助孩子培養辨別情緒與體諒別人的能力。和孩子談談他們的想法、回憶和感覺，能提供孩子深化自我認知及提升社交技巧所需的互動經驗。

心智直觀讓父母們透過簡單的訊息「看」到孩子的內心。語言訊息，即人們所使用的語言，只是我們理解他人的途徑之一；非語言訊息如眼神接觸、臉部表情、音調高低、肢體動作、反應速度和強度等，也是溝通中極為重要的一環。這些非語言訊息可能比我們的言語更

1編注：時報文化將此詞譯為「第七感」（見《第七感》〔Mindsight〕），但為忠於本書內文脈絡與概念傳達，本書譯為「心智直觀」。

容易透露出內心真實的想法。留意非語言訊息能讓我們更了解孩子、考量他們的想法，並透過同情心建立連結。

糾結在當下的情緒VS.享受和孩子相處的每一刻

讓孩子變得快樂，跟他們分享生命的真諦、體會世界的美好，可以幫助孩子建立正向的自我認知。如果我們能尊重並體諒自己和孩子，就會用全新的角度去看這世界，生活也會更美好。謹記並且反思日常生活的經驗，可以創造家人之間緊密的連結，也更了解彼此。

父母可以向孩子學習放慢腳步，享受生活之美，感受生命的饋贈。面對繁忙生活帶來的壓力時，處理家庭瑣事可能會讓父母變得急躁、焦慮，但孩子需要被照顧，而非被處理，父母總過度糾結於生活中的問題，而忽略了和孩子共享快樂。

有時，我們為了孩子的問題操煩不已，卻忘了和孩子在一起是最純粹的幸福。與孩子共同成長的過程中，我們也會感到快樂，學會分享生活中的樂事，對於一段良好的親子關係來說，至關重要。

我們為人父母時，經常認為自己是孩子的老師，但很快就會發現，孩子也是我們的老師。透過這層親密關係，我們的過去、現在和未來擁有全新的意義，可以分享過去的經驗，也共同創造新的回憶來豐富我們的生活。希望本書可以幫助你成長、人格發展更趨健全，隨著時間流逝，你會更懂得如何為人父母，親子關係也會更深厚。

CHAPTER 1

記憶與覺察
與內在小孩相遇
──讓人心煩意亂的不是孩子，是我們自己！

身為一個母親，我發現童年時期很多未妥善處理的事情，影響了我跟孩子的關係，奪走了本該屬於我們的美好記憶。

然而，身為父母很難在飽受壓力時還能坦然面對過去的經歷。

我們總是試圖控制孩子的感覺和行為，事實上，我們心煩意亂不是因為孩子的行為，而是受自身過去的內在經驗所綑綁。我們會把情感包袱帶入「父母」的角色中，影響親子關係。

「過去」的情感包袱，會影響現在的教養態度！

在為人父母後，過去的經歷會影響我們教育子女的方式。我們自身未妥善處理的過去也許會埋下隱憂，並影響親子間的互動。這些未妥善處理的過去經驗，通常很容易在親子互動中被引發，而一旦引發後，我們經常會以激動情緒、衝動行為、認知扭曲或身體感覺的形式，對孩子做出反應。這種過於緊張的心理狀態會削弱我們理性思考和彈性反應的能力，進而影響親子關係。在這類情況下，我們無法表現出自己理想中的父母角色，並總在事後自問，為何擔任父母的角色，有時反而會表現出自己最糟糕的那一面。

過去發生的事情會影響我們當下的生活，也會直接影響親子相處的方式，即使我們察覺不到起因。我們會把情感包袱帶入「父母」的角色中，並且在無法預期的情況下干擾、影響我們的親子關係。那些未解決的問題和未妥善處理的創傷，都牽涉到源自我們童年的重複經驗、難以應付且對情緒造成影響的重大課題。這些問題可能會一直影響我們到現在，尤其如果我們沒有去反思，並將它們融入自我理解中。

・狀況模擬：

如果母親因為你哭鬧而感到厭煩，一聲不響離家，這件事帶來的影響可能是：你會很難和人建立信任感，尤其當面臨分離時，會不由自主地感到焦慮和多疑。

．還原當時受傷的想法：

母親不告而別，你一直尋找她，她的離去讓你很難受。如果大人嚴禁你哭鬧，情況只會更糟。你會覺得大人背叛、遺棄你，並且意識到沒有人願意真正傾聽、重視你的感覺，給你應有的理解和關心。這種情況下，你很難找到適當的方式舒緩媽媽離家帶給你的情緒壓力。

．影響現在教養孩子的態度：

如果你小時候有類似的經驗，當你有了孩子後，相同的情況會引發你一連串的情緒反應，喚起記憶深處的「被遺棄感」，每當你要和孩子分開，就會感到很不舒服。而當孩子覺察到你的不舒服，他就容易感到不安、有壓力，連帶讓你變得更加焦躁。於是，多種複雜的情感交織引發一連串的反應，而這正好投射出你的童年經驗。

．沒有覺察下的錯誤認知：

如果你沒有認真反思、深入地了解自己，這些反應只會被當作是你與孩子分開時，「正常」的分離焦慮。

正視「自我理解」才是真正處理過去事件的重要關鍵。過去懸而未決的事情常會影響我們對待子女的方式，引發不必要的煩惱和衝突。

正視「**自我理解**」才是真正處理過去事件的重要關鍵。

過去懸而未決的事情常會影響我們對待子女的方式，引發不必要的煩惱和衝突。

媽媽，妳小時候也討厭買新鞋嗎？

——童年的創傷經驗，影響我的教養態度！

以下是瑪麗身為一個母親和小時候的經驗。

身為一個母親，我發現童年時期很多未妥善處理的事情，影響了我跟孩子的關係，奪走了本該屬於我們的美好經驗。

矛盾、不合常理的情緒或習慣，是一種徵兆！

買鞋就是其中一例。我發現我非常害怕孩子們穿壞了鞋，因為這表示我得帶兩個兒子去買新鞋。孩子們喜歡穿新鞋，也跟大多數孩子一樣期待買新鞋。本來這可以是一趟快樂的出遊，但結果總是相反。

一開始我總會鼓勵孩子挑選自己喜歡的鞋，但即使他們興致勃勃地做選擇，我常會挑剔鞋子的顏色、價格、尺寸，用我所能想到的任何問題開始破壞這個經驗。

於是，孩子們挑鞋的興奮感開始消退，取而代之的是妥協的態度。

「隨便妳吧！媽媽，我怎樣都好。」

我猶豫地比對每雙鞋的優缺點，反覆比較、思考很久才買了鞋離開。最後大家都筋疲力盡，孩子們擁有新鞋的興奮之情，也被買鞋的不愉快經驗給消磨殆盡。

我並不想這麼做，相同的事情卻一再發生，我常在離開鞋店時向孩子們道歉，也總是不斷和自己拉鋸著：「為了鞋子搞成這樣，」我自責不已，「這太愚蠢了。」

為什麼我會一再做出自己都痛恨不已、迫切想改變的行為呢？

某天，再次經歷沮喪的買鞋經驗後，六歲大的兒子一臉失望地問我：「妳小時候討厭買新鞋嗎？」不容置疑地，我的腦海裡馬上浮現「是」！兒時充滿挫敗感的買鞋經驗，在腦中排山倒海而來。

我有八個兄弟姊妹。因為要買很多雙鞋，我母親每次都在折扣期間帶我們去鞋店，而且有大拍賣最好。那裡總是人滿為患，但價格倒是讓她很滿意。

我從未單獨跟媽媽去過鞋店，因為通常會有三、四個手足同時需要買新鞋，所以每次我都是在折扣期、擁擠的人群中，情緒複雜地挑選新鞋。我知道我不可能擁有自己想要的那雙鞋。因為，我有一雙正常尺寸的腳，適合我的鞋早在打折期間被挑選得差不多了。我的選擇少得可憐，還常看上沒有折扣的新款，只會被媽媽拒絕。

但是，我大姊有一雙「特別」窄的腳，媽媽總是允許她買自己想要的鞋，因為適合她尺寸的鞋很少打折。對此，我很生氣，感覺自己被忽略了，但是媽媽說我應該高興，因為我可以輕易地買到鞋。

等到媽媽幫每個孩子挑到合適的鞋，已經疲憊不堪。她做決定時的優柔寡斷、花錢的不情願，讓她的情緒像座活火山，她的行為總讓我擔心害怕。我淪陷在一片情緒之海裡，只希望能早點回家，逃避一切跟買鞋有關的場景。

母親催促我們上車，忙著把大包小包的東西放進車裡，根本沒注意到我從鞋店出來後心情低落。

原本該是一趟快樂的購物之旅就這麼毀了。

童年的無助感、行為模式，會在日後相近狀況中重現！

如今，多年過去，為孩子買鞋的經驗又把我帶回幼年的心理模式中，我的行為讓我的小孩感受到和我小時候買鞋一樣的焦慮感。

兒子的問題讓我意識到這些事情。**我記起了小時候不愉快的經驗和焦慮情緒，而它們現在正影響我對待孩子的行為，也導致我無法把「買鞋」變成一趟快樂之旅。**

並非現在的買鞋經驗影響我的行為，過去多次的買鞋經驗才是癥結所在，我是在反映過去遺留下來的問題。

「過去未解決的事」與「遺留的問題」很相似，但前者的問題更嚴重，會影響我們的內在生活和人際關係。那些未解決的事，通常源於難以招架以及跟強烈的無助、絕望、失落、恐懼或背叛有關的深刻經驗。

我仍以母子分離的事件為例，但這次的情況更極端。如果母親因長期憂鬱而住院，孩子常變換不同的照顧者，孩子的內心會產生強烈的失落感和絕望感。這種分離可能會持續產生焦慮感，影響孩子在長大成人後與自己的孩子建立良好分離模式的能力。

因為他與母親或主要照顧者的依附關係突然被破壞之後，也沒受到任何支持，等到這個孩子成為家長，可能會難以跟孩子建立穩定的親子連結（參見一七五頁）。如果他在生兒育女前沒有妥善處理這些事件，理解那些令他恐懼的童年經驗，情緒、行為、知覺和身體方面的記憶將會持續干擾往後的生活。

我們為人父母後，早年這些未解決的問題，可能會對親子關係造成嚴重的影響，尤其很難在飽受壓力時，基於過去未解決的問題做出恰當的反應。

「未解決的事」常伴隨強烈的無助、絕望、恐懼和被遺棄感，若未妥善處理，會嚴重影響我們往後的生活。

面對兒子的哭鬧，我除了無奈竟還有異樣恐懼

——未處理的創傷，讓我成了內心脆弱的父親

以下的故事是丹在初為人父後，意識到自己的過去也有未妥善處理的問題。

我的兒子尚在襁褓時，常哭鬧不休，怎麼安撫都無濟於事。每當這時候，我的心裡便有股異樣的恐怖感受。我非常詫異，當我對孩子束手無策時，內心會充滿驚懼與害怕。我變得很擔心、急躁，而不是充滿耐性和洞察力。

我試著自我探索這種奇怪的感受。我認為很可能是我在嬰兒時期，長時間哭泣，乏人看顧。雖然我對這些經驗已不復記憶，但我知道是「童年失憶症」（childhood amnesia，參見六十四頁）讓我無法有意識地自由提取早年經驗的自傳式記憶。除此之外，我想不出合理的解釋。

我試著這樣陳述我的故事：「小時候我肯定很害怕自己的哭聲，但我不得不去適應這種被拋棄的感覺。現在，兒子一哭，就會喚起我內心的恐懼，然後讓我經驗到連鎖反應式的恐慌。」

為此，我苦思良久。我對這個故事的準確性沒有把握，因為沒有畫面、沒有感覺、沒有情緒，也沒有任何行為衝動。

換句話說，我的陳述沒有勾起任何的非語言記憶，這種詮釋肯定也沒有消除我的恐慌感，但我認為這不代表它一定不真實——它只是不足以幫助我分析和解釋自身的恐慌感。

過去的記憶閃現，是一種徵兆！

有一天，六個月大的兒子哭了，我想去安撫他卻做不到而備感無助。這時候，我又感覺到莫名恐慌，而覺得自己需要逃離現場。我的腦海裡浮現一個畫面，接著我的恐慌慢慢聚焦，我看到內心的景象跟眼前的事物相爭不下。雖然一個近在眼前，一個在心裡，感覺上卻非常相似，有如看到重複曝光的錄影帶。我閉上眼睛，眼前的影像消失了，內心的景象卻更加清晰。

我看到一個小孩躺在診療床上大聲哭喊，額頭緊皺，滿臉通紅，充滿恐懼。另一位實習同事正按住他的身體。我忍住不聽孩子哭喊、不看他的臉。我可以看見整個房間，那是小兒科病房的診療室，我們得帶需要抽血的孩子到那裡。當時正值午夜，我們在休息時突然被叫醒，一個小男孩高燒不退，我們必須為孩子抽血化驗，檢查發燒原因，排除感染的可能性。

在加州大學洛杉磯分校這類醫學中心裡就診的，都是病得很重的孩子。雖然這些孩子的就醫經驗豐富，但這並未減輕他們抽血時的恐懼——相反地，經常抽血加深了他們的恐懼，同時也破壞了他們的靜脈血管。我和同事每次值夜的時候都要替孩子抽血。現在輪到我了。

如果孩子手臂上的靜脈血管因抽血過多而布滿針孔，只能另尋其他血管。有時候要試好多條血管才能找到適合的。我們常常會在誰抽血、誰來按住孩子之間做取捨。抽血時，我們必須充耳不聞，橫下心來，不敢去看孩子恐懼的臉，不去感受孩子滴在我們手上的眼淚，也不聽耳邊迴盪的哭聲。

此刻，我可以清楚聽到孩子的哭喊。血抽不出來，我必須換一個位置。「再扎一次就好，」我告訴孩子，他可能沒有聽見或聽見了，但是不明白我的意思。他發燒、生病了，感到害怕，不斷哭喊卻得不到安慰。

突然，我睜開眼睛，發現自己全身冒汗，手不停地顫抖，我的兒子還在哭，同時在哭泣的還有我。

這種閃現的記憶深深嚇到了我。我對多年前在小兒科病房實習的經驗，除了記得那是「很棒的一年」之外，有印象的並不多，而且實習結束的時候我很高興。出現閃現記憶後的幾天，我想了很多有關這些畫面的事情。我對一些熟識的朋友和同事說起這些經驗，但一談到那些值夜的經驗，我就會感到一陣作嘔，甚至伴隨著手痛，彷彿患了流感。當腦海裡這些影像出現，我會感到深深的絕望和恐懼，滿腦子想的都是就診的孩子。

閃現記憶背後的情緒，是我現在心慌意亂的起點！

我深陷在回憶裡：「我不能注視孩子，我必須拿到抽血樣本。」而且，不論是在自己的回憶中或和朋友談這件事時，我都會不自覺地轉移視線，為孩子遭受這種痛苦而感到羞愧且有罪惡感。

記得每當晚上呼叫器響起時，我都會出現一種必須去壓抑的恐慌感。

當時，我們根本無暇去談論孩子有多痛苦又有多麼害怕我們，也沒有機會去思考自己多麼潰敗、多麼害怕。我們只能一直前行，停下來思考只會加深痛苦，讓我們無法繼續工作。

為什麼我在早年生活中形成的「心理創傷」，沒有在兒子出生前就以任何形式浮現到意識層面？例如記憶閃現以及某種情緒、行為或者感受？

回答這個問題要考慮記憶的提取（參見五十三頁）以及大腦對於未獲得妥善處理的心理創傷記憶之特殊建構方式。人們是否容易提取某一特定記憶，會受到許多因素影響，包括與記憶相關的聯想、經驗的主題與內涵，回憶者所處的人生階段、人際關係脈絡，以及在編碼和回憶過程中的心理狀態。

我在家中排行老么，在我兒子出生前，我的生活中也沒有其他小孩。所以，兒科病房的實習結束後，我再也沒有和哭鬧不休卻得不到安慰的孩子相處。但是當我發現自己處在經常哭鬧的孩子身邊，就開始產生恐慌的情緒反應。

這種恐慌可視為一種受到與哭泣孩子共處的情境所引發的非語言情緒記憶。

當恐慌來襲，我大腦的回憶歷程會先搜尋自傳式記憶（autobiographical memory，參見五十一頁），卻徒勞無功。當時，我也找不到任何主題式的敘述性記憶是包含了我在兒科病房的實習經驗。之前我一直認為，實習的那一年「有趣但結束了」，所以並未有意識地去想到這些經驗。結果，閃現記憶出現了。

對創傷經驗來說，這些創傷經驗沒有以「日後回憶時容易提取」的方式處理，往往是有原因的。人在經歷創傷時，為了求生存的適應方式之一，就是讓自己的注意力自該創傷經驗中令人驚恐、害怕的部分移開。

此外，創傷經驗帶來的巨大壓力與荷爾蒙過度分泌，可能會直接損害大腦某些與儲存自傳式記憶密切相關的功能。在創傷過後，這些細節記憶僅以非語言形式被編碼，日後極有可能喚起讓人困擾、不解的痛苦情緒。（因為沒有相關的語言記憶，所以讓人難以理解為何自己會如此痛苦）

在醫院實習時，我和這些遭受恐懼的孩子相處時太過壓抑，也難以承受對這些孩子的恐懼之同理心。那段日子是非常緊繃的，而這份工作要求又高，加上病人數量龐大，來去時間短暫且病情嚴重，我的因應能力瀕臨崩潰。同時，我常為了成為孩子痛苦和恐懼的來源而感到羞愧，且有罪惡感。實習結束後，或許我應該要說：「好，現在讓我試著回想一下，我曾帶給孩子們的痛苦吧。」事實上，我並沒有反思那一段實習經驗，而改去研究創傷。

身為一個實習醫生，我們常常認定自己是積極、有能力且內心堅強的醫療工作者，試圖藉此去無視、忽略病人的消極、無助和脆弱。**但孩子們的脆弱對我們想掩飾自身脆弱和無**

助的努力是很大的威脅，現在回顧那段經驗，孩子們的脆弱正是工作上最大的敵人。他們本來就病情嚴重，不易治癒，醫療能做的實在有限，而我們的無能為力更加深了我們所感受到難以承受的悲傷和絕望。

在令人身心緊繃難眠的那一年裡，我們對抗疾病、與死亡及絕望的現實搏鬥。所以我們必須將「無助感」趕向意識的邊緣，不然會瀕臨崩潰。面對那些無法征服的病魔，我們只能把怒氣發洩在自己脆弱的心靈上。

不是孩子不乖，是父母自己的問題！
——過去遺留的情緒成了現在的教養包袱！

這個過去未妥善處理的問題，顯現出我是個脆弱的新手父母。我對孩子那番幾乎令人難以忍受的哭聲與脆弱，以及自己安撫不了他的無助感，有著強烈和羞愧的情緒反應。幸運的是，經過一段痛苦的自我反思後，我意識到這是因為我自己有未解決的問題，與孩子無關。

這種認知也讓我容易想像到，父母對無助感的低容忍度會如何引發一些行為反應，把孩子的無助感當作箭靶，並且為此指責他們。

即使我們非常關愛孩子且心裡也是想著為了他們好，但這些以前形成的心理防禦，會讓我們在面對孩子的某些狀況時，感到難以忍受。這也許是為什麼父母會對孩子產生矛盾心理

（parental ambivalence）。

如果孩子生活中的某些狀態會喚起我們「難以忍受」的情緒反應，但我們卻未能在意識層面覺察它，並在我們自己的生命中理解它的話，這些未處理好的生命經驗會使得當同樣的「狀態」出現在孩子身上時，我們很有可能會無法忍受。

我們可能無法體會，或忽視孩子的情緒。這樣一來，可能會造成孩子有不真實感，使他們跟自身的情緒無法有效的連結。

此外，我們的低容忍度也可能導致一些非理性的反應，比如較易怒或在沒有意識到的狀態下，去攻擊孩子脆弱與無助的情緒狀態。

於是，孩子會在無預警的狀況下接收到父母的敵意，這樣的經驗會融入孩子內在的認同感中，直接削弱他本身容忍這些情緒的能力。

如果我們有過去遺留下來或未解決的問題，必須停下來想一想自己在面對孩子時的情緒反應。

透過認識自己，我們才能給孩子發展活力感的機會，讓他們自由、沒有限制、且無所畏懼地經驗和探索自身的情緒世界。

分析大腦「記憶」的過程，找出「過去」如何影響現在！

為什麼我們會有未解決和過去遺留下來的問題？過去發生的事為何能影響現在？過去的經驗如何影響我們的心智？為何過去的事情會持續影響我們現在的知覺，也形塑了我們的未來？

透過研究人類的記憶，可以找出上述問題的答案。

自生命之初，大腦就能經由改變神經元（大腦的基本建構單元）之間的連結而對種種經驗做出反應。這些連結構成了大腦結構，並被視為大腦能夠記憶經驗的有效方法。腦內結構形塑了大腦功能，大腦功能也會反過來形塑心智。雖然基因也決定了大腦解剖學構造的基本特徵，但真正能促使神經元間建立起獨特連結，並塑造獨特大腦結構的還是「個人經歷」。也就是說，我們的經歷會直接形塑大腦的結構，並造就出能定義我們是誰的心智狀態。

記憶是一種大腦對過去經歷產生反應並建構出新的腦內連結的方式。兩種主要的腦內連結方式即為兩種主要記憶形態：內隱記憶（implicit memory）和外顯記憶（explicit memory）。

讓人不知不覺的內隱記憶：無時無刻都在編碼，隨時隨地就能直覺反應

內隱記憶會形成某些大腦的特定回路，這些回路是負責引發情緒、行為反應與知覺（perception），還可能涉及身體感覺的編碼（the encoding of bodily sensation）。內隱記憶是存在於從出生開始之生命早期的非語言記憶形式之一，並且活躍在人的一生中。

內隱記憶的另一個重要面向，稱為「心理模式」。透過建立心理模式，我們的心智可以對重複的經驗做出類化的反應。

比如，嬰兒不安時，若經由母親的安撫而感到放鬆，便會在大腦中概括歸納為母親可以為他帶來幸福與安全感。日後遇到困難或傷痛時，就會啟動此心智模式，直覺地尋求母親的安慰。

這份依附關係會影響我們對他人以及自身的觀感。透過一次又一次與依附對象相處的經驗，我們的大腦會建立模式，影響我們對他人以及自己的看法。

在上述例子裡，孩子把母親視為一個安全、具責任感的角色，而把自己視為有能力影響周遭環境、能讓自己的需求被滿足的角色。這些模式建構出一個過濾系統，將我們的各種想法以及對這世界的回應加以分類，我們才能發展不同的感知和行為模式。

內隱記憶最不可思議的特徵是，當它被提取時，我們並不覺得自己正在「回憶」某些東西，個體甚至不會意識到這些內在經驗是源自過去發生的事件。因此，情緒、行為、身

體感覺、知覺詮釋，以及特定無意識心理模式的偏誤情形，都可能影響我們當下的體驗（包括知覺和行為），但我們不會覺察到這些體驗是受到自己的過去經驗所影響的。

特別神奇的是，我們的大腦可以在無意識的情況下進行內隱記憶的編碼。這意味著我們毋需專注意識，就可以將一些事物納入內隱記憶中。

外顯記憶＝構成「自我認知」的記憶

嬰兒一歲後，隨著大腦中「海馬迴」的發育，新的記憶回路機制逐步建立，並且開始發展第二種主要記憶形式：「外顯記憶」。

外顯記憶包含兩種：一是語意記憶，又稱事實記憶，幼兒在一歲半左右就有這種記憶；另一種是自傳式記憶，在幼兒兩歲後才開始形成。（自傳式記憶形成前的時期稱為「童年失憶症」時期，是在不同文化背景下都會出現的普遍發育現象；這種現象並非某種創傷所致，而是大腦的某些特定組織尚未開始發育。）

與內隱記憶不同的是，外顯記憶啟動時，人們會意識到這一點。無論是哪一種外顯記憶的編碼過程，都不可欠缺意識。

自傳式記憶的獨特之處在於具有自我感受以及時間感。產生自傳式記憶的前提是，位於大腦最上層「腦皮質」最前端的「前額葉皮質」必須發育完全（發育完全時期在兩歲左右）。前額葉皮質對自傳式記憶、自我覺察、有彈性的回應、心智直觀以及情感調適等大腦

大腦結構示意圖

與記憶有關的主要結構已標明，包括杏仁核（負責內隱感情記憶）、海馬迴（負責外顯記憶）以及眶前額葉皮質（負責外顯自傳式記憶）。至於下一章詳述連貫的生活經驗，其資訊整合則透過由胼胝體相連的兩側腦半球共同完成。

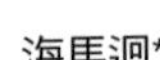

* 圖中陰影部分為另一側腦幹中海馬迴的位置。位於海馬迴頂部的是與情感控制密切相關的杏仁核。這兩個組織都屬於位於腦部中央的內側顳葉系統的一部分。

活動來說非常重要。

這些正是由依附感所形塑出來的運作歷程，因此前額葉皮質的發育容易受到人際互動經驗的深遠影響。這就是為何幼年時期與他人的關係會影響我們的一生。不過，值得一提的是，重要的腦組織在人體成年後也會繼續發育，因此我們一直都有成長和改變的可能。

記憶的形態

內隱記憶	外顯記憶
・先天性	・一歲以後才開始形成
・記憶提取時，人體並無意識	・記憶提取時，人體有意識
・包括行為記憶、感情記憶、知覺記憶，還可能包含身體記憶	・自傳式記憶具有自我認知感和時間感
・包括心理模型	・包括語意（事實）記憶以及情景（自傳式）記憶
・記憶編碼過程不需要意識介入	・記憶編碼過程需要意識介入
・與海馬迴無關	・與海馬迴有關
	・自傳式記憶與前額葉皮質有關

易怒、不耐煩是「過去包袱」的行為表象，正視它才能不受操控！

大致了解大腦的記憶編碼方式後，現在我們要為未解決的問題尋求解決之道。在丹的例子裡，針對「童年失憶症」時期而杜撰一個看似合理的故事對他的情緒並沒有幫助，也不能改變他的經驗。早年實習期間的經驗，也許無法透過外顯記憶提取出來，卻在無形中影響他的情感強度。

如果沒有持續自我反思，煩躁的情緒會持續影響丹的教養態度，使他依然找不到有效安撫孩子的方式，也許仍舊無意識地感受到脆弱和無助帶來的威脅。這種內在的、不易顯現的情感歷程在他與別人的相處中，演變成既定的模式，促使丹苛責孩子的正常依賴，並迫使孩子得過早自立。

丹對這些經驗的合理化方式，可能形成一種他對相關現象的態度——「反應遲鈍、愛哭的孩子都是被寵壞了，而且長不大」。

如果他欠缺自我反思，就會忽視自身未解決的問題，不斷對兒子發脾氣。

父母的矛盾心理有多種表現形式，通常來自未解決的問題。父母們可能會發現，自己的內心充滿矛盾情緒，很難敞開心胸去關愛孩子。童年時期形成的防衛心理讓我們難以卸下包袱，去適應「孩子的關愛者」這全新的角色。即使是孩子的正常表現，如情緒化、無助、脆

弱以及對我們的依賴，也會讓我們備感威脅而無法忍受。

丹繼續訴說他的故事：當我在苦惱時刻試圖跟孩子建立關係時，矛盾的心理導致我的行為與期望的反應出現落差。我非但沒有包容孩子、給他安慰，反而表現出不耐和易怒。一旦我覺察到這種情況，就可以有所改變。

我曾經告訴朋友們我在實習期間的回憶。我也寫過日記，因為據研究發現，記錄情感性創傷的經驗有利於身心方面的改變。結果我的言談、行為和文字全都充滿了令人害怕和赤裸的經驗。我出現了本能的反應，我感到很不舒服，我的雙臂在顫抖，雙手也異常疼痛。

剛開始正視過去經驗的那段時間，兒子哭泣時，我還是會感到恐慌和煩躁。我告訴自己：「這些情緒來自我的實習經驗，跟兒子無關。」雖然依舊痛苦，但感覺舒緩了些。我持續訴說和記錄實習期的經驗，漸漸地，我能感受到認同、接受並正視我和兒子的「脆弱」與「無助感」的重要性。我內心的恐慌和煩躁感，也明顯獲得了緩解。

> 我需要不斷提醒自己，不是我讓孩子哭泣，脆弱和依賴只是孩子的正常表現。為自己的過去賦予意義讓我學會接受孩子的哭鬧，也懂得接受自己在學習安撫孩子並當好父親角色的過程中所產生的脆弱感。

實習經驗的閃現再也沒有出現，伴隨著恐慌而來的巨大痛苦也消失了。之前一直只以內隱方式架構起來的記憶，現在也以外顯的形式在處理。如今，那個時期的內隱記憶經過意識層次的處理後，融入了內容更為豐富的外顯自傳式敘述中。為了找出解決之道，我的生命故事也必須囊括過去那段經驗中跟脆弱和無助相關的情感問題。

拋開「自動駕駛」盲目模式，重新做自己的主人、當好孩子的爸媽

當父母無法對自己未解決的問題負起責任時，不僅失去了成為更好的父母的機會，也喪失讓自己發展進步的機會。不太了解自身行為以及強烈情緒反應根源的人，無法意識到自己面臨的困境，也不清楚自己的內心充滿了為人父母的矛盾情緒。

很多時候我們必須在嚴苛的形勢下，盡快適應它並且盡可能做到最好。我們多數人經常會有未解決或過去遺留下來的問題等著挑戰自己。

未解決的問題會讓我們在面對孩子時失去耐心與彈性，無法選擇以對孩子的成長有好處的方式來回應他們。

我們沒有真心傾聽孩子說話，因為那些未解決的內在經驗太過喧囂，讓我們根本聽不清楚外界的聲音。我們與孩子疏遠了，且很可能像過去一樣採取對自己和孩子都不利的做法，因為我們受困在以過去經驗為基礎的被動反應中。

當我們被某些由痛苦事件或未解決的失落經驗所形成的內隱記憶給淹沒時，難以真正地與孩子一同處在當下。我們對這些早期經驗的自動化適應歷程會變成了「我」的定義的一部分，我們的生命故事將不是由自己來撰寫，而是由這些未解決的過去經驗幫我們寫好了。

未解決的問題會侵擾我們，直接影響我們看待自己以及對待孩子的方式。

當未解決的問題在撰寫我們的生命故事時，我們會在無意識的情況下，從人生的「自傳作者」變成了「記錄者」，只是單調地記錄著過去經驗如何持續影響當下的生活經驗並形塑

未來的前進方向。因而在教養孩子時，我們便很難再做出周詳的決定，只是按照未解決的過去經驗來「反應」，彷彿放棄了選擇方向的能力，僅靠「自動駕駛」盲目地前進。

當我們心煩意亂時，總是試圖去控制孩子的情緒和行為，但事實上，引發我們情緒的往往不是孩子的行為，而是受自身的內在經驗所綑綁。

當我們對孩子的行為感到心煩時，如果能注意到自己的內在經驗，就能開始試著了解自己的舉動將如何影響我們希望跟孩子共同擁有的親密關係。解決了自己的種種難題，我們才能學會用更有彈性的方式對待孩子，我們可以開始試著把記憶融入到生命故事中，理解我們的經驗並幫助孩子和自己健康地發展。

教養練習題

1. 當你情緒不穩或怒氣衝天時，把它如實記錄下來。你會發現引起情緒波動的是孩子幾種固定的行為。注意到這一點，先別急著改變自己的反應，暫時做到心中有數即可。
2. 放寬視野，想一想你對孩子做出這種反應的深層原因。內隱記憶的特徵是人們並不能意識到他們正在「回憶」一些東西，所以你要讓內隱記憶外顯化，集中精力回想過去經驗裡的「自動化」成分，這對加深自我了解、加強親子間的溝通非常重要。
3. 回憶某件影響你與孩子溝通的事情。仔細分析這件事的經過。你是否想起了一些源自過去經驗的思想或者行為模式？此刻，出現何種內心情感和身體感覺？在其他時候，你是否也有過這種感覺？哪些過去經歷可能是肇因？這些思想和情感會對你的自我認知以及親子關係產生何種影響？又會如何影響你對未來的期待？

大腦處理經驗的「記憶」機制

——證明良好的親子互動可提升孩子大腦成熟度！

自人類歷史有記載以來，人們就對認識世界和了解世界充滿熱情。隨著科技不斷進步，人類所能提出的問題以及試圖回答的問題變得愈來愈複雜，研究設備愈來愈精密，涉及的專業領域也愈來愈廣。幾千種專業刊物，無所不包的廣泛領域，種類繁多的從屬學科都在積極地研究著我們身處其中的世界。

在本書中，我們將使用跨學科研究的方法獲取知識。正如我在《人際關係與大腦的奧祕》一書中所分析的，這種方法基於一種認識，即世界是一種包括人類經驗在內的相互聯繫的「現實存在」，只有透過仔細深入研究才能獲得更深刻的認識。然而，任何方法都有局限性，就像盲人摸象寓言裡所說的，那些盲人摸到的都只是大象的一部分，他們的感受和看法也只能反映部分客觀現實。把每個盲人對大象的感受結合起來，才能產生一個完整的大象形象。

跨學科的出發點在於，從眾多相對獨立的學科中找到交叉點，然後把這些相互關聯的研究結合起來。進化生物學家愛德華·威爾遜在其著作《知識大融通》（Consilience，天下文化出版）說過，由於各學科之間的相對獨立性，知識的融合在學術背景下不太容易實現。然而，跨學科方法能在這種獨立性之間架起橋梁，進而推動科學進步。

每個研究學科以及知識來源，都有自己的一套途徑、概念、詞彙和提問手法。跨學科方法會對所有貢獻者給予同等的尊重，承認跨學科合作能讓我們深入檢視正在設法了解的現況全貌。這種方法需要我們用謙卑、開放的態度，跨越各個學科領域，努力去了解真實的現況究竟是什麼。

本書將引用從人類學到心理學，從腦科學到精神病學，從語言學與教育學到人際溝通及複雜的系統進行探討分析。這種跨學科方法已被美國心理與文化研究基金會——加州大學洛杉磯分校「文化、大腦與發展中心」運用於教學實踐。校方為對跨學科感興趣的師生提供專門的教學和訓練方法，以培養新一代的跨學科研究人員、教師以及實踐者。

幾千年以來，人們一直試圖探究人類的本質。人類的心靈往往被定義為靈魂、心智或者思維，一般認為是基於大腦活動過程而產生的一個運作實體。大腦是身體的整合系統，近年神經科學對大腦有大量研究，腦科學則探索大腦神經透過發出信號而產生心智的過程。

與此同時，心理學則從各種面向，比如記憶、思考、情緒以及發展等面向探索人類。我們對兒童成長發展的認識，也由其中一系列「依附理論」（attachment theory）研究獲得大量拓展。比如，「依附理論」針對親子間的相處模式如何影響孩子的成長，提出全新觀點。

研究證實，孩子與其照顧者的互動關係和溝通模式，會直接影響孩子的心智發展。

大腦思維＋依附情結＝人際神經生物學

因此我們可以把大腦如何產生思維（神經科學）與人際關係如何形塑心智運作（依附研究）的知識結合起來，彙集成科學方法的本質，也就是所謂的「人際神經生物學」（interpersonal neurobiology）取向，它能提供一個架構，使我們理解孩子與父母的日常生活經驗。

以「人際神經生理取向」來研究「發展」的基本原則如下：

- 心智是涉及能量和資訊流動的一種作用過程。
- 心智（能量和資訊流動）會從神經生理歷程與人際關係中形成。
- 心智發展是在基因設定的範圍內，大腦對持續進行中的生活經驗做出反應而形成的。

儘管科學家認為，是神經網路的訊號發送模式而產生「心智」（容易受外界影響的心理活動，比如注意力、情緒以及記憶），但是我們並不了解大腦如何具體地產生心智上的主觀經驗。

人們對大腦與心智之間的認識是，把心智看作能量和資訊的一種流動。比如，你能從外界觀察到的心智能量，也許是物理上的聲音大小，也許是你清醒或困倦時的精神狀態，或是你與他人溝通的語氣強度。神經科學家一般使用腦部掃描（可以顯示相關區域的化學物質含量變化或血流的增加程度，這是由特定區域的代謝增加量所決定）、或腦電圖（EEG）來對大腦各區域消耗的能量大小進行測量。

心智裡的資訊流動是指，你正在閱讀這些文字的「意義」，而不是書上的油墨或這些文字的發音。正如馬克．吐溫所說的，一個字眼用得準不準確，會像閃電（lightning）與螢火蟲（lightning bug）一樣造成極大差別。

意義是心智思維處理訊息的一個重要面向。如何賦予文字意義會影響我們對現實的感知和認識。對大腦而言，訊息是經由各種回路的神經元信號發送模式所產生。回路所在的腦區位置不同，決定了訊息的種類（視覺還是聽覺）；特定的信號發送模式則決定了特定的訊息（辨識出某物體是艾菲爾鐵塔，而不是金門大橋）。

人類是出生時最不成熟的物種之一。新生兒的大腦發育尚不完全，必須仰賴成人的細心照顧才能成長。隨著孩子不斷長大，在先天的基因遺傳訊息和後天生活經驗的共同影響下，孩子的大腦發育會愈來愈複雜。

換句話說，嬰兒大腦發育不成熟意味著，生活經驗在決定大腦連結的獨特功能上發揮極其重要的作用。經驗甚至影響了大腦構造的形成，也決定了我們對生活經驗的感知和記憶。

> 成人的照顧，能讓孩子發展出足以生存的基本心智能力。對父母的依附經驗能讓孩子健康地成長，並在情緒調適、思維以及同理他人上，擁有更高的彈性與適應力。

神經科學研究證實，這種心智能力來自腦內特定神經回路的整合作用；除此之外，依附研究也指出，哪些類型的相處經驗可以讓孩子健康地成長、發展健全的心智。

藉由把摸索到的各部分拼湊起來，人際神經生理學認為依附關係極有可能提升大腦在情緒、認知以及人際互動方面的整合能力。

經驗—大腦新連結—記憶：生活經驗如何影響成長的大腦機制？

記憶科學在探索經驗對大腦和心智的影響上，提出很多新觀點，是一門讓人振奮的學科。因此我們知道，生活經驗會透過改變神經元之間的連結方式，終生改變大腦構造。對於某特定大腦區域，「經驗」在微觀角度上是指離子在這些纖長的大腦基礎細胞裡流動時，所形成的神經元發射訊號的過程。

我們知道，腦內的神經纖維總長超過兩百萬英里，而且以大腦內的兩百億個神經元平均來看，每個神經元都與一萬個左右的神經元相互連接。數以萬億計的神經元連結，形成如蜘蛛網一般的複雜神經網路。因此據估計，大腦內神經元訊號發送的次數——也就是大腦可能啟動的電路圖形式開關次數——大約有十連續乘一百萬次，也就是十的一百萬次方之多。因此，人腦被視為宇宙萬物（包括人工合成和自然形成）中最複雜的事物。

科學研究證實，記憶的運作方式仰賴神經元連結的改變。如果因為某件事而同時啟動了數個神經元，與此同時，就會產生與此事有關的神經連結。比如，有隻狗咬了你，這時你聽到煙火聲，以後你不只是遇到狗，就算只看到煙火時，都可能會出現疼痛和恐懼反應。

加拿大內科醫生兼心理學家唐納德．赫伯（Donald Hebb）半個多世紀前即指出，這種彼此連結的記憶是「同時發送信號的神經元，會相互連結」所產生。最近，精神科醫師及神經科學家肯德爾（Eric Kandel）證實，當神經元重複發出信號（即被啟動）時，就會「開啟」神經元核內的基因資訊，進而指示合成新蛋白質，促使新的神經元突觸連結產生。神經發送信號（經驗）透過開啟基因機制，使大腦改變原本的內在神經連結（記憶）。肯德爾也因此一發現而獲得諾貝爾獎。

大腦發育伴隨著神經元生長，以及形成新的神經連結。所以，不難理解為什麼科學告訴我們記憶與成長往往相伴而生：因為生活經驗會形塑大腦結構的發育。雖然基因決定了大多數神經元的連結方式；但同樣重要的是，後天的生活經驗透過啟動基因，也會影響連接過程。因此，單純地以後天經驗還是先天基因這樣的簡單爭論去否認這些相互依賴的作用過程，毫無意義。

事實上，經驗確實會影響大腦構造。經驗即是生物學。

我們對待孩子的方式，會改變他們對自己的定義以及發展模式；孩子大腦的形塑過程需要父母的參與，也就是說，先天需要後天。

父母是孩子大腦的雕塑者。正常情況下，大腦由於受到基因控制都能獲得健全的發展——孩子的大腦在社會化發展所需要的僅是有互動、有回應的外在經驗，而不是過度的感官或生理刺激。由於孩子的大腦極不成熟，對社會經驗特別敏感，以此角度來看即使是養父母，也應被當作生父母來看待，因為他們創造的家庭經驗影響了孩子大腦結構的生物構造。身為原生父母僅是其中一種生物學角度上影響孩子生活的方式。

經驗－內隱記憶－外顯記憶，彼此整合連結才能形塑「自我認知」

記憶是經驗形塑神經連結的方式，以便大腦現在或未來的神經信號發送模式能以特定方式來改變。如果你不曾聽過金門大橋，讀到這個詞彙，你的反應就會和住在舊金山的人有所不同，他們能輕易辨識出這座橋，並產生感受、情緒以及與橋相關的連結。

記憶的兩種主要形式，內隱記憶與外顯記憶的區別非常大。雖然嬰兒的神經回路處於發育狀態，但是已經開始以內隱記憶（情緒的、行為的、知覺的，以及身體特性）的形式發揮作用，這種記憶形式是與生俱來的，甚至可能在出生前就已經存在。內隱記憶還包括了大腦如何用心智模式來建立經驗總結。

雖然外顯記憶也使用基本的內隱編碼機制，但除此之外，外顯記憶會經由「海馬迴」的協調區域來處理資訊，而此區域通常在幼兒一歲半以後才會成熟。隨著海馬迴的生長，心智慢慢可以將內隱記憶的各獨立要素連結起來，為生活經驗的整體神經表徵繪製出一份脈絡圖譜。這就是實際經驗轉為自傳式外顯記憶的重要基礎。海馬迴也因此成為「認知圖譜繪製者」（cognitive mapper），在生活中與大腦的知覺（視覺、聽覺、觸覺）以及概念（想法、意見和理論）上共同作用，進而產生具有關聯性的神經表徵。

幼兒兩歲時，大腦前額葉皮層持續發育，逐漸形成「自我感」和「時間感」，幼兒開始能形成自傳式記憶。在此之前，一般認為幼兒處於「童年失憶症」初期，此階段雖然存在著內隱記憶，但還不能形成自傳式外顯記憶。即使自傳式外顯記憶出現後，幼兒還是很難連續記住五歲前的事。

「童年失憶症」的成因還不得而知，可能性之一是與我們固化記憶的方式還不成熟有關。所謂「固化記憶」，是把記憶中儲存的大量生活經驗進行鞏固整合，在大多數人進入小學前，這種固化記憶的能力都不太成熟。由於海馬迴的作用，外顯記憶會從短期的記憶儲存變成長期儲存。隨著時間推移，長期記憶會透過「腦皮質固化」的作用而固化。

固化記憶的特點之一是，需要借助「快速動眼睡眠」（REM-sleep）加以實現，便於日後海馬迴的提取。快速動眼睡眠就是我們做夢的時候，它會把情緒和記憶以及左右腦的處理整合在一起。這種整合可能需要特定的腦神經協調回路，方便人們日後提取自傳式記憶，但這種回路在學齡前兒童身上尚未發育成熟。

雖然學齡前兒童也會做夢，也會回憶起以外顯記憶形式儲存的生活經驗，但是此處想說明的是，這個年齡層的孩子記憶固化過程並不成熟，不能使長期的自傳式記憶固化。如果腦皮質固化不成熟，發揮作用非常有限，那麼我們不難理解，為什麼大多數人很難連續地記住在學齡前的生活經驗。

幼兒往往透過「角色扮演」遊戲，對他們的生活經驗進行處理。透過創造不同的想像中與生活中的場景，他們能夠練習新的能力，並促進從情緒層面上理解和認識他們所生活的社交世界。

透過玩耍或透過做夢來創造、建構故事，也許是我們心智模式上對生活經驗做出「理解」的一種方式，並藉此理解我們在這個世界中可能的樣子。

當幼兒成長至六到七歲後，隨著胼胝體和前額葉皮層成熟、產生記憶固化作用，幼兒可以跨越時間來理解自我，建立自我認知的框架。我們把這種認知稱為「自傳式記憶」。此一神經系統成熟的過程也許可以解釋，為何我們在成長初期難以提取自身的自傳式記憶。由於記憶固化作用的存在，我們可以產生自傳式的自我意識，並隨著經驗累積而不斷成長。

未能妥善處理的創傷會阻礙正常的記憶編碼和儲存歷程。

比如，不堪忍受的生活經驗會抑制海馬迴對輸入資訊的處理，阻礙記憶進行編碼。因此在這種情況下，可啟動內隱記憶歷程，但外顯記憶處理程序會受到阻礙，釋放過多神經傳導物質或壓力荷爾蒙，使得海馬迴的編碼機制受到破壞，進而影響記憶形成。

另一種阻礙機制是分散注意力，使人的覺知意識集中在生活經驗的非創傷層面。這種情形下雖能正常進行內隱編碼，但缺乏注意力，海馬迴功能受阻，會影響外顯記憶進行編碼。

這兩種阻礙機制都可能導致人們在提取內隱記憶時，感覺記憶像開了閘的洪水般充斥腦海，但卻無法覺察自己有回憶任何事情。不僅如此，由於內隱記憶的各要素之間缺少海馬迴編碼機制的相互連結，人們無法從相關脈絡中來理解這些記憶。如果內隱回憶沒有經過外顯的處理，較常見的是會形成僵固的內隱心智模式，在某些極端情形下會突然闖入人的腦海（閃現），而影響親子間進行順暢協調的溝通。

過去經驗的影響 → **未來的選擇**

喚起父母過去創傷經歷的感受

↓

父母覺察契機 → 父母覺察了就可有所改變

↓

父母沒有覺察

↓

原因可能有二：

1.童年失憶症（大腦未成熟）

2.非口語形式的情緒記憶出了問題（大腦已成熟）

創傷對記憶的影響：

1.非正常記憶編碼程序進行記憶

2.有意識的忽略

3.壓力荷爾蒙損害大腦記憶功能

↓

無法馬上提取創傷記憶

↓

只剩下煩躁、無法忍受的情緒

↓

長期影響→形成偏差認知

父母覺察了就可有所改變 ↓

提醒自己
→這個情緒和孩子無關

↓

幫助孩子

↓

能用更靈活且有彈性的態度面對孩子的行為與情緒問題

↓

給孩子健康發展自我認知的機會
→自由且無畏地感受並認識自己的情緒

↓

輕鬆當好父母，親子關係良好

讓孩子學會做自己的主人

父母覺察了就可有所改變 ↓

正視問題
→問題是出在自己身上

↓

幫助自己

↓

透過分析、訴說、紀錄等方法，看清楚問題緣由，淡化自己的心靈傷口

↓

不被過去所綑綁

↓

做自己的主人

父母過去經歷VS.覺察，對親子關係的影響

現在的行為與慣性反應

孩子的行為

哭鬧、情緒化、脆弱、依賴父母

父母的情緒

莫名煩躁、無法忍受

父母的回應

父母常常脫口而出：
你怎麼這麼不乖？
你就是愛搗蛋……

*更多說明參見p.174

1.忽視這是孩子正常的行為而苛責孩子
2.將過錯歸咎給孩子，甚至口不擇言
3.忽視孩子的感受

影響孩子

孩子看到父母的反應後，對自己的行為、情緒感到困惑

傷害親子關係
→孩子不信任父母
→依附關係冷漠疏離

孩子難以建立「自我認知」
→默默忍受敵對的情緒
→否定自己的情緒
→迫使孩子過早自立

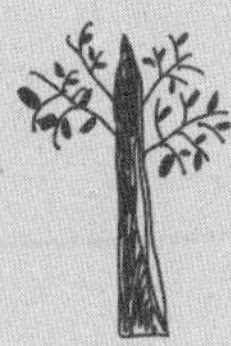

圖例：覺察過去經驗，親子關係良好的路徑
忽視過去經驗，影響親子關係的路徑

CHAPTER 2

故事與認同

說我們的生命故事，和孩子一起成長！

有些家庭，家人間很少分享彼此的情感，關係非常疏離，他們經常溝通生活中發生的事件，卻很少談論家人的感覺和精神生活。

生命故事會帶給我們一些提示，從中看出過去如何影響我們現在的生活。說自己的生命故事能開啟我們的心智，幫助我們理解自己和他人的內心世界。

生命故事是一種媒介，除了理解自己，也能和別人溝通

故事是幫助我們理解生活事件的途徑。我們會個別地與集體地敘述生命故事，以便理解生活經驗，並從中發掘意義。

說故事對所有人類文化都至關重要，分享共同的故事讓我們與他人得以相互連結，對特定群體產生歸屬感；具有獨特文化的故事形塑了我們如何覺知這個世界。

如此看來，我們創造了故事，而故事形塑了我們。基於這些理由，故事在人類的個人及集體經驗中，占有重要地位。

每個人都擁有自己的故事，透過個人生活經驗描述，我們能深化自我認知，更了解自己，以及和他人的關係。

自傳式敘事試圖為我們的生活賦予意義，不論是經歷，還是豐富我們獨特、主觀的生命意義感的內在經驗。透過探索生活事件和內在歷程，可以深化自我認知，我們的人生故事也會不斷成長、演進。

孩子會試圖理解他們的生命經驗並賦予意義。

為孩子敘說某次經驗，有助於孩子整合經歷過的事情及情緒經驗。這種與大人的互動，可以幫助孩子理解發生過的事，給予他們一套體驗工具，成為經常反思、具覺察力的人。

相反地，如果孩子從照顧者那裡得不到情緒上的理解，可能會情緒低落，甚至產生羞愧感。

複述故事，可以減輕孩子的不安與負面情緒！

安妮卡全家移居洛杉磯兩年了，父親在加州大學洛杉磯分校擔任客座講師。安妮卡三歲進瑪麗的托兒所就讀時，只會說芬蘭語。剛入學時，媽媽一直陪著安妮卡適應學校的老師和環境。安妮卡很可愛也很外向，喜歡和其他小朋友玩，當她和小朋友一起參加各種活動時，語言隔閡並不會造成困擾。

剛開始幾週，媽媽放心地把她留在學校，直到發生了一件事。這件事也說明了幫助孩子處理負面情緒時，跟孩子「述說事件故事」有多重要。

一天早上，安妮卡開心玩耍時卻摔倒了，膝蓋破皮。像大多數孩子一樣，她哭著找媽媽，老師的安慰顯然不足以應付安妮卡的情緒低落。老師請辦公室助理聯絡安妮卡的媽媽，並繼續努力安慰安妮卡。

通常，複述故事（內容包括事件本身和引發的情緒等）可以幫助孩子理解剛才發生的事，並且感受到成人的同理和安慰。

由於老師不會說芬蘭語，而安妮卡懂的英語有限，因此老師說故事的效果不大。後來老師找來了幾個洋娃娃和玩具電話做為輔助，重新敘述這件事：

老師用小洋娃娃代表安妮卡來模擬她的遭遇。敘述故事需要說明一連串的事件，也需要說明事件中的人物經歷。

首先，「安妮卡娃娃」在玩，然後摔倒了。這時，老師拿著「安妮卡娃娃」模仿安妮卡哭了起來。安妮卡看到這裡，停止哭泣，注視著老師。「老師娃娃」繼續對著「安妮卡娃娃」輕聲說話，這時真的安妮卡又哭了。當「老師娃娃」拿起玩具電話打給「媽媽娃娃」時，安妮卡才又停止哭泣，開始觀察和傾聽。

老師用洋娃娃多次模擬安妮卡膝蓋破皮以及打電話請媽媽來學校看她。安妮卡本來就聽得懂「媽媽」和自己的名字，再經由老師透過輔助道具複述這件事的經過，她開始明白剛剛發生了什麼事，以及正在發生的事。

老師每敘述這個故事一次，安妮卡的難過程度就減輕一些，過了一會兒，她從老師的腿上下來，開心地去玩了，似乎很確定媽媽很快就會來看她。

當媽媽趕到時，安妮卡把洋娃娃和電話拿給老師，她想聽老師再次複述這件事，讓媽媽知道她膝蓋受傷以及她的苦惱。

敘述故事適時地安慰了安妮卡，她不但明白發生什麼事，也對媽媽來了之後的情況有所預期。

身為成人，我們常會用言語描述我們的故事；而對孩子來說，即使是聽得懂話的孩子，我們也可以透過輔助物品，例如洋娃娃、布偶或者畫畫，讓他們能理解自己的經驗。

當孩子了解發生什麼事，以及接下來會發生什麼事，就能明顯減輕他們的苦惱。

也許有些童年的經歷，你在當時無法理解，因為沒有成年人幫助你去分析。在生命最初，人們就試著去理解世界，並藉由和父母的關係去調節內在的情緒狀態。隨著不斷成長，孩子逐漸具備運用自己的人生經驗創造自傳式敘事的能力。

換句話說，敘事能力是孩子理解世界的重要方法，也是他（她）調適情緒的主要方式。

怎麼說故事？說了什麼？這就是我們理解生活的方式

我們敘述生活經驗的方式，體現了我們如何理解生活中所發生的事。

當你在談論自己的生命故事時，有什麼感受或想法？

你是否覺得好像在陳述別人的故事，還是在情感上再次經歷了這件事？

是否有特殊事件，即使早已事過境遷，至今仍讓你覺得情緒激動，如鯁在喉？

你能否回憶起早年生活的很多細節？

敘述早年經驗時，你有什麼內在感受？

自己的生命故事會帶給我們一些提示，從中看出過去如何形塑我們現在的生活。我們敘述自己生命故事的方式以及敘述過程中的側重點，會顯露出我們對世界和對自己的理解

方式。

比如，你可能會想起家裡發生的事情，但重點並未放在你跟家人之間的關係上。有些家庭，家人間很少分享彼此的情感，關係非常疏離、各自為政。在這樣的家庭裡，父母和孩子可能會在建構豐富的自傳式生命故事時出現困難。這種情形下，人們敘述故事時較難想起細節，也缺乏情感溝通的內容。在這些家庭中，他們經常溝通生活中的外在事件，很少談論家人的感覺和精神生活。

在情感疏離的家庭裡，父母和孩子的心智直觀能力以及覺察自己與他人心智狀態的能力非常薄弱。

總之，說故事是我們的心智試圖理解自己和他人豐富內心世界的方法。

還好左右腦會互相合作！

——輸入－內在處理－輸出，我們是這樣認知再反應！

心智來自大腦的運作，有許多不同的處理模式。基本上，我們的大腦擁有不同的知覺系統，例如視覺、聽覺、觸覺、味覺，以及嗅覺；此外，我們亦擁有許多不同類型的智能，包括語言智能、空間智能、肢體動覺智能、音樂智能、邏輯數學智能、內省智能，以及人際智能等。

心智極其複雜，而且會透過感知外界以及跟外界互動的種種奇特方式展現出來。感知方式會直接影響我們的行為模式，正如有機體有輸入和輸出通道一樣，我們的大腦也從外界獲取資訊，再進行內在處理（通常稱為「認知」），最後產生特定反應。

「輸入－內在處理－輸出」（input-internal processing-output），是描述大腦功能和整體神經系統運作最基本的方法。

我們可以檢視大腦左右兩側在輸入的訊息處理上有何不同。大腦左右兩側的區別十分明顯，是由低等動物非對稱性的神經系統經過幾百萬年的演化、發展而來。

實際上，大腦這兩個分開的區域透過胼胝體的神經組織互相連結。這種區隔使大腦兩側在某種程度上獨立運作，各自運行不同的處理模式。但是，藉由神經訊息在大腦左右半球間來回傳遞，也形成一種整合處理的模式，產生高層次的大腦功能。

大腦左右兩側感知和處理資訊的方式截然不同，這種差異的好處在於，因為大腦每個部位各有專長的機能，所以我們的大腦擁有更多功能。再加上左右腦能整合運作，產生整體性的功能，因此我們的思考能力會比大腦單側獨立運作時來得強；如果左右腦一模一樣，我們的思考就不會如此複雜，也不會擁有強大的適應力。

我們經常用右腦「模式」和左腦「模式」（mode）這兩個用語，來指稱這兩種獨特的「知覺—內在處理—輸出」面向。

右腦模式主要由大腦右半球之活動組成，其處理資訊的特點是一種非線性、全面性的運作方式。右腦模式擅長接收和處理視覺、空間資訊。自傳式資訊、非語言訊息的處理和傳遞、對身體的整體感受、自我的心

大腦頂部

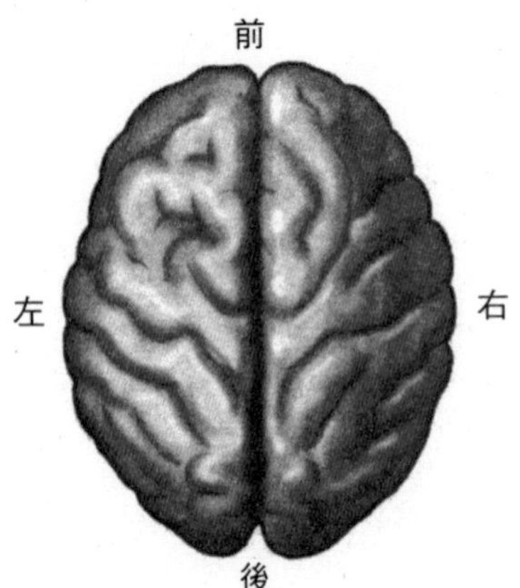

大腦各區剖面

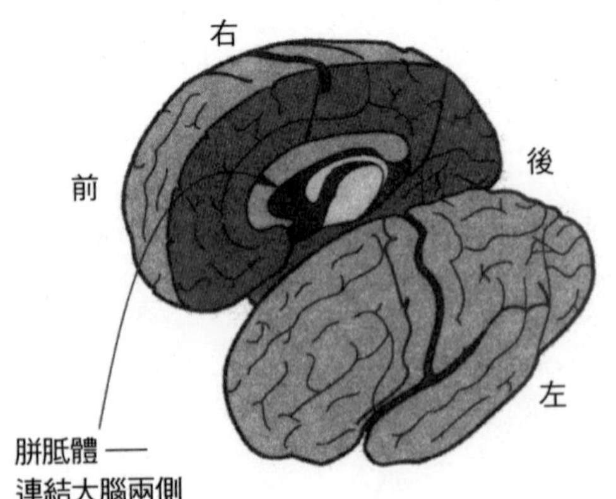

智模式、強烈情緒以及社會認知，主要都由右腦負責處理。

相較之下，左腦模式主要發生在大腦左半球，與右腦模式截然不同，其特點是線性的、邏輯的，以語言為基礎的處理模式。「線性」意指一小段資訊接著另一小段資訊排成一線，「邏輯性」是指探究世界上各種因果關係模式。以語言為基礎的處理模式則會運用到包含在文字裡的二進制資訊（是／否，開／關），讀者在這頁讀到的文字就是例子之一。

右／左腦模式

右腦模式	左腦模式
非線性 全面性思考 視覺—空間	線性 邏輯思考 語言
主要掌管 ・自傳式訊息 ・傳送和接收非語言訊息 ・強烈和原始的情緒 ・覺察力、調節以及身體各部位的整合 ・社會認知和心智直觀能力——理解他人或外界 在處理資訊時，由大腦右半球發揮主導作用	主要掌管 ・演繹推理——探究因果模式 ・語言分析——運用文字定義世界 ・「是非對錯」的思考 在處理資訊時，由大腦左半球發揮主導作用

感受左右腦合作模式，才能無礙地解讀生活經驗

《人際關係與大腦的奧祕》一書提到，那些為生活賦予意義的敘述，形成於具有詮釋功能的左腦模式和儲存了自傳式、社會以及情感資訊的右腦模式的融合。當左右腦處理模式融合在一起，就會產生能夠解讀生活經驗的連貫性敘述。當左腦模式的詮釋功能和右腦模式的非語言以及自傳式訊息處理功能，兩者充分整合，才能產生流暢的敘述。

身為父母，理解自己的人生很重要，因為這會讓我們有能力為孩子提供充滿情感交流及彈性的親子關係。當我們對自己的人生經歷擁有整體連貫的理解，就能為孩子提供經驗，幫助他們認識自己的人生。透過了解左右腦的運作模式，可以提升我們對人生經驗的理解。

每個人都有能力讓自己遠離那些不可控制、難以預料的原始情緒。這種「保持距離」的能力可被視為左腦處理模式主導的狀態：即在某個特定時刻，左腦模式覆寫了（override）從右腦輸入的資訊。

相反地，有時我們的意識充滿了各種無法命名或者用邏輯理解的感受。腦海裡充滿許多景象，意識裡充斥著各種身體感受或想法。我們可能會喪失時間概念，緊抓住自己的感受不放，不大關心事物間的因果關係。我們沉浸在過往經驗的感覺、情感和知覺層面，而這些都是右腦處理模式為主的。

我們試圖用左腦思考模式敘述生命故事時，是以語言、線性、邏輯性的思考來理解因果關係。若要運用左腦思考模式敘述線性故事，必須提取右腦模式儲存的資訊。如果這些資訊不易取得，或者如海嘯般翻湧混亂，我們就無法敘述一個連貫的故事。過去未解決的問題可能導致這種混亂產生。造成這種無法敘述一個連貫故事的情形有兩種可能性，若不是缺少豐富而有意義的情感和自傳式經歷，就是不能理解右腦模式對敘述故事所產生的作用。

解讀生命經驗故事，我們必須有清晰的思維，並且有管道可以取得同等重要的情感和自傳式經歷。

・狀況模擬

一位十幾歲的少女體會不到失去父親的悲慟，到三十幾歲時談及當時的事情，她可能會突然淚流滿面，無法繼續講述她的人生故事。

・還原當時的想法

細究原因，才知道她最後一次和父親在一起時氣氛很緊張，父親反對她和男友交往，兩人起了爭執，不久之後父親就心臟病發作。

・影響現在的生活態度

直到多年後，她才能正視並面對自己的罪惡感，心平氣和地為父親哀悼，父親去世這件事才能真正融入她對生活的連貫敘述中。

・怎麼做，讓自己更好？

當你持續進行自我反思，試著感受左、右腦兩種思考模式有何不同。融合這兩種模式，對於建立完整縝密的思維以及敘述連貫的生命故事都是不可或缺的。

說故事幫助你更認識自己也更幸福！

親子關係建立在很多共同經驗上，其中會引發各種內在歷程的經驗，有助於我們提升良好、健康的人際關係。

如果相互獨立且彼此區隔的處理模式能整體運作，我們可以說它們是「整合」的。我們來思考一下，大腦整合方式有哪些。

當較複雜、具反思性和概念性、來自較高解剖位置的大腦皮層活動，跟來自大腦深層區域較基本、跟情緒和動機有關的驅力相互結合，我們就能以「縱向整合」的狀態，即高層次處理模式對外界做出反應。如果大腦皮層的反思機能受阻，我們會進入「低層次反應模式」的狀態，無法整合思維而僵化、不知變通。

左右腦也可能以「橫向整合」的方式共同運作。這種左右腦協調、整合的模式或許是我們得以理解自己的生活、做出連貫描述的關鍵。連貫的描述是預測孩子是否跟我們建立安全依附關係的最佳指標，所以這種大腦雙側整合處理模式格外重要，也決定了父母是否有能力為孩子提供一個安全可靠的成長環境。

建構我們的生命故事除了縱向和橫向整合模式，還有一種整合模式是：時間整合，即在時間向度上將不同階段的經驗透過思考連接起來。這是建構生命故事的基礎：連接自我的過去、現在以及可預期的將來。這種心理上的時間之旅是「故事」中的重要特徵。

良好的人際關係和內在連貫的幸福感，取決於我們的內心是否具有流暢、活躍的整合歷程。心理上的幸福感可能取決於思考的整合程度，整合度愈強，愈能加強我們與自我和他人進行溝通的意識，幸福感也隨之增長。因此，透過不同層面的整合，提升自我認知和人際關係，會讓親子生活更豐富多變。

經由故事與他人交心和分享，是我們進行人際溝通的普遍方式。故事能讓我們把人際關係整合起來，當我們想起人生中的重要人物，進入腦海裡的片段往往是個人生命故事中最珍視的交流過程。在婚禮、畢業典禮、團圓聚會和喪禮上，當人們回憶共同經歷所帶來的影響，見證時光的飛逝，他們敘述的生命故事也在空氣中瀰漫開來。

反思自己的人生故事，可以深化自我認識，幫助我們把情感融入日常生活中，並且尊重這種有價值的理解方式。當思維隨著自我反思產生變化時，也許會發現我們和孩子的相處狀態也跟著改變了。

經驗會形塑心智，心智也會形塑經驗。透過不斷反思我們的生命故事，個人會慢慢成長並加深自我認知，進而豐富我們的心智直觀能力，並提升感知孩子內心世界的敏銳度。

教養練習題

1. 這個練習會增強你對這兩種模式的覺察力。仔細閱讀七十七頁的內容，從你的個人經歷中找出與這兩種模式的心智特徵相對應的例子，將其記錄下來或寫在日記裡。特別要注意你和孩子相處時，一些毫無邏輯且突如其來的心理感受，這些都屬於右腦模式的心智特徵。
2. 書寫日記會大量運用到左腦模式，所以在反思你的經驗時，要特別留意腦海中屬於右腦模式的非語言景象。敘述人生故事時，要注意腦海中出現的景象和回憶，也要注意一些特殊問題，這些問題可能會影響你與孩子的相處。寫下它們是如何影響你的成長以及你與孩子的相處。想想這些問題的哪些方面對你影響最大，並思考如何解決。
3. 用三個詞彙描述你與孩子的關係。思考：這些詞與你描述自己童年時期和父母的關係時，所使用的詞彙相似嗎？或者有什麼不同？這些詞彙能準確概括這些關係嗎？在這些重要的關係中，是否有些回憶不適合這種概括性的描述？這種例外情形，在你和父母以及你和孩子的生活故事中又是如何呈現？

「左右腦共同合作」來敘述故事，才能幫助孩子，感知並創造自己的生活方式！

若要對生命故事進行科學分析，我們必須考量諸多學科領域，從人類學、文化研究，到心理學與人們如何看待自己與他人交往的回憶研究都牽涉其中。家庭經歷形塑了我們對這個世界的認識；身處的環境文化，也會影響我們處理內在歷程以及創造生命意義的方式。最近的腦科學研究，也有助於我們了解故事在人類生活中扮演的重要角色。

這些科學研究說明：

- 故事是普遍存在的——在地球上每一種人類文化中都能發現。
- 故事貫穿了人的一生——形成於成人和孩子的早期生活，在成年後的人際關係中持續發揮作用。
- 故事也許是人類獨有的——其他動物沒有這種獨特的敘述，也不具備敘事本能。
- 雖然故事依循事件發生的邏輯順序，但在調適情緒方面也產生重要作用。在這層意義上，故事是情感和分析式思考如何產生連結的最佳例子。
- 故事不僅在內在的自我意識上發揮作用，也在日常溝通中發生作用。這種人際與個人心智的融合是人類的特徵，也說明了我們確實是社會化的動物！
- 故事也許在記憶處理歷程中占據舉足輕重的地位——這是外顯記憶研究的一種觀點，認為故事最終會透過夢境的形式形成持久或「大腦皮層固化」的記憶。
- 故事與大腦功能密切相關，尤其左腦擅長在片段的資訊間探尋邏輯連結，而右腦能提供自傳式訊息和情感脈絡，這對理解個人的生命故事來說，不可或缺。

反思過去與現在，讓我們和孩子一起改變、成長！

科學研究證明，大腦（甚至包括嬰兒的大腦）會透過重複的經驗形成一種類化，或者說心智模式（mental models）。這是內隱記憶的一部分，一般認為這是由神經元訊號發送模式在看、聽、觸摸、聞這些感受時，透過與外界重複的互動所形成的。這種模式形成於大腦，會以一種觀點或心境的方式發揮作用，直接影響我們對外界的感知和反應模式。

內隱記憶，尤其是不同生活經驗建構下的心智模式，決定了我們敘述生命故事的主題，也建構了我們做出人生決策的方式。

心智模式就像沙漏一樣可以讓資訊通過，也像透鏡般幫助我們預測未來，好為行動做準備。這些透鏡在我們的意識覺知範圍外，會在不知不覺中影響著我們的感知方式。

心智模式形成於過去的經驗，由特定的方式啟動，形塑我們對現況的看法、信念、態度，以及與外界連結的方式。

舉例來說，如果你小時候被貓咬過，在日後的生活中遭遇類似情形，你的心境會快速變化，產生恐懼狀態：

貓經過時，你會充滿警覺，緊張地盯著牠的牙齒，滿是恐慌。

如果貓朝著你走來，你會迅速做出反應。

這種感受和內在情緒狀態的變化，以及自我保護機制（戰－逃－僵）的啟動都是自動產生，是由大腦的心理狀態調節能力迅速決定，而不是有意識的或有計畫的行為。

這種調節能力會影響你的感知，讓身體做好行動的準備。這就是如同沙漏般的心智模式如何過濾資訊、如何產生快速心理變化的本質。

心智模式及其產生的心理狀態，是內隱記憶的重要組成。從這點來看，即使我們注意到它們帶來的心理效應（看到貓而感到害怕），卻未必會意識到它們產生的具體原因。過去的議題會影響我們現在的生活，以及對外界和自我的感知方式，進而影響我們的行為。

內隱心智模式對我們的心理決策和生命故事所產生的陰影，可以透過專注的自我反思而呈現出來。當你意識到這個過程，就能深化自我了解，改變心智模式，進而打開生活的成長之門。自我了解會讓我們擺脫被過去所禁錮的陰影，但前提是我們必須反思這種覺知的偏誤和行為衝動，是如何成為我們根深柢固的心智模式和僵化思考的一部分。

花點時間進行反思，能打開意識覺知之門，帶來改變的機會。

記憶編碼的研究證明，經驗形塑了我們如何覺知；而覺知會影響我們看待自身經驗時的態度。當我們最終理解了自我，這些外顯知識和內隱記憶就會形塑我們對自己的看法，以及與外界互動的方式。

多倫多的認知心理學家安道爾・托爾文（Endel Tulving）和其同儕在已經描述出自我認知意識（又稱自省意識）的反應機制，來自大腦前額葉區（prefrontal regions）整合運作的神經回路。具體而言，是儲存在大腦中各種記憶片段的交錯連結、過往經驗的融合、心理上對當下的覺知以及對未來的預期，這些因素共同作用而產生自我了解。

事實上，這種過往經驗互動性的回饋和不斷融合，會形塑我們的覺知方式，也會影響我們在心智模式的作用下，對將來做出的預測；這也意味著我們是個人人生故事的塑造者，同時經驗也會形塑我們對現況的看法。把我們的身體感受跟在重要人際關係中所得到的感受整合起來的經驗，可能是自我發展過程中的重要基礎。

和他人或事物有直接互動，能加速因「深刻理解」而成長的能力！

埃金（Paul John Eakin, 1999, 66-67）以盲聾女作家海倫．凱勒（1880-1968）的經驗為例，說明人們如何敘述他們的生命故事，並證明經驗和成長之間的關係。

埃金說：「這是一種發生在語言取得時刻的少見現象，是對自我內心的一種獨特描述……雖然凱勒先前已經透過安妮．沙利文老師在她手上拼寫單字，掌握了一些辭彙，但是當沙利文把她的手放到水龍頭下面，同時拼寫『water』單字時，凱勒才對這個詞彙以及自我有所感受。

這是一種智能和心靈上的洗禮，凱勒說：『那時我知道「w-a-t-e-r」是一種奇妙的、清涼的、從我指間流過的東西。這個鮮活的詞彙喚醒了我的靈魂。』

我用示意性的架構大致描述她的心理反應模式：

『自我（我知道）

／文字（「w-a-t-e-r」是一種奇妙的、清涼的、從我指間流過的東西）

／其他（這個鮮活的詞彙喚醒了我的靈魂）』

這說明一個事實，即完整的成長片段（一般情況下需要數月來完成）在凱勒靈光乍現時，便深植在她的意識裡……凱勒同時強調了相關的情境要素（老師扮演的關鍵角色）和整個過程中的氛圍在她身體感受上所發揮的作用。」

大腦前額葉區，尤其是眶前額葉皮質，對於整合人際交流、肢體表達以及自傳式覺知非常重要。隨著眶前額葉皮質慢慢地成長發育，能讓我們加深自我了解，進而改變對他人和自

我的覺知方式。隨著不斷成長，我們自身以及與他人的互動經驗會形成自我意識的基礎，並持續在生活經驗中形成、發展出自我認知。

撥出一些時間反思我們與他人的交流，同時反思自己的生活經驗，會讓我們更深刻地認識自己，並從中獲得成長。

深層的自我了解也是建立在連貫的自省意識（對我們的過去、現在以及未來的分析）。其核心要義是，我們可以成為個人自傳的創造者，並以此來幫助孩子，讓他們感知和創造自己的生活方式。

右腦感知與左腦邏輯分析共同合作，建構完整且連貫的生命故事！

發展心理學家傑洛姆・布魯納（Jerome Bruner）如此描述大腦處理資訊的兩種方式：

一是「例證型」演繹模式，指邏輯推論把一連串線性相關的事實按照因果關係連接起來。這種模式與左腦的線性思考、邏輯化且基於語言的認知模式類似。

另一種資訊處理模式為敘事模式。在敘事模式下，我們透過建構故事來處理資訊。這種模式的形成時間較早，並且在所有文化中均有發現，這種獨特的處理模式能夠創造許多可能性，而不只有現狀而已。

按照布魯納的觀點，故事不僅必須訴說事件的發生順序，也要陳述故事主角內在的心理變化。這種敘事的處理模式能讓我們深入個人的主觀世界中。

敘事模式在大腦裡不容易找到確定的腦區。然而，自傳式記憶（autobiography memory）和虛談現象（做出虛構描述，並相信曾真實發生）等相關研究可能有些更吸引人的結果。

大腦左半球似乎有敘事的本能。這並不令人意外，因為左腦擅長邏輯—演繹推理，這種

思考模式試圖解釋世間的事物是如何相互連結。由於左腦掌管事實、語言和處理線性思考，並有對事物進行分類的驅力，因此它具備認知神經科學家邁克爾．葛詹尼加（Michael Gazzaniga）所謂的「詮釋者功能」（interpreter function）。如果跟右腦的連結中斷，左腦會編造故事，並且缺乏脈絡去理解觀察到的事物。奇怪的是，左腦似乎不介意只把事實串在一起，使其看來有一定程度的連結，儘管它們或許不符合更大的意義或情境脈絡。這種情形下，它組織的故事或許具有連結性（在一定程度上具有邏輯關係），但不具備連貫性（不能從整體的情感背景或感受上理解）。

為什麼會出現這種情形？

這項發現的其中一種解釋是，右腦是社會和情感脈絡的供應者。右腦在非語言訊息處理中的作用至關重要。大腦右側與產生情感和動機的邊緣回路直接相連。基於多個理由，察覺他人主觀生命的能力，以及感知他人訊息並加以理解的能力，似乎都仰賴右腦。社會、情感、非語言，以及脈絡訊息都是「心智直觀」（一種覺知他人和自我心智的能力）的直接來源。

敘述故事要包含事件的發生順序以及當事人的內在心理變化。人的心理變化主要透過右腦來覺知並理解。

一個故事要能「合理」（要能融合故事主角心理的主觀／社會／情感意義），必須納入右腦的運作模式。基於這些理由，我們可以說大腦要敘述一個連貫的故事，即理解和分析個人對自己或他人的生活，左腦必須跟右腦整合在一起。唯有如此，才能因大腦兩側的互相整合而產生連貫的故事。

CHAPTER 3

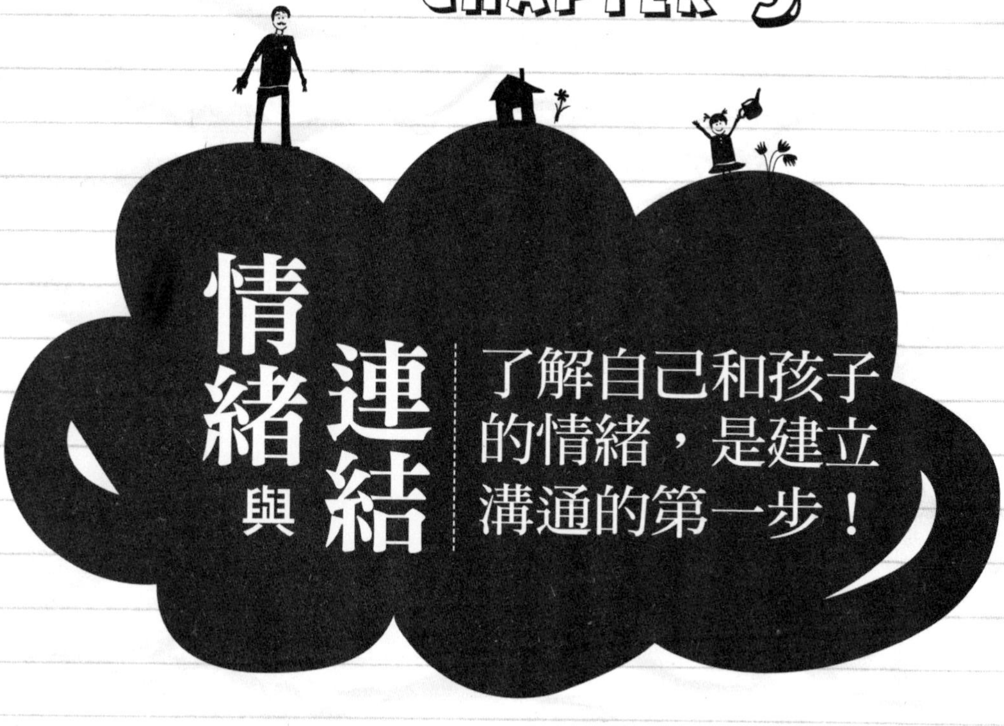

情緒與連結

了解自己和孩子的情緒，是建立溝通的第一步！

父母都希望和孩子保持充滿愛、持久且有意義的關係。

如果父母善於情感溝通，會讓孩子在生活中充滿活力、善解人意。

這些特質對孩子和他人形成親密關係來說非常重要，分享和感染正面的情緒，撫慰和減少負面情緒，是培養良好關係所需的基本態度。

是孩子不乖，還是你不懂孩子的心？

父母都希望和孩子保持充滿愛、持久且有意義的關係。了解情緒在人際關係中的作用有助於我們和孩子建立這樣的關係。人們正是透過分享情感與他人交流。跟察覺自身情緒，以尊重的態度分享情感的能力以及設身處地體會孩子情緒相關的交流模式，可以為穩固持久的親子關係奠定基礎。

情緒不只會影響我們的內在感受，也會影響外在的人際交往，使我們對事物的意義做出判斷。如果我們可以意識到自己的情緒並且與他人分享，生活就會變得更加豐富，分享情感與溝通可以深化我們與他人之間的關係。

如果父母能進行情感方面的溝通，會讓孩子在生活中發展出充滿活力、同理心的特質，這些特質對孩子和他人形成親密關係來說非常重要。撫育關係牽涉到分享和感染正面的情緒，以及撫慰和減少負面情緒。從最初的人生階段開始，情感交流就是親子關係中相互作用的過程，也是實質的內容。

不妨設想一下：

妳的孩子在後院裡收集了一瓶子色彩鮮豔的甲蟲，興奮地拿進屋子裡，說：「媽媽，妳看我抓到了什麼，牠們漂亮嗎？」而妳想到的卻是：這些小蟲可能會在屋裡到處爬。

「把這些討厭的傢伙馬上拿開。」妳嚴厲地說。

孩子抗議地說：「但是媽媽都沒看一眼，牠們的翅膀閃著綠色光澤耶。」

妳快速地瞥了瓶子一眼，拉著孩子的手走到門口，提醒他：「昆蟲生活在野外，牠們要待在外面。」

在上述情形裡，孩子錯失了一次情感交流經驗。

他的喜悅和樂趣沒有「分享」的管道，他也可能會對這次經驗的意義和作用感到困惑。他對自己的發現感覺「良好」也很興奮，走進屋裡想與母親分享。

然而，母親的反應卻像是在說，孩子是「不好」的。

有意義的情感連結可以為孩子帶來價值，父母應該分享孩子的喜悅和發現。這並不是要我們和昆蟲生活在同一個屋簷下，而是在表現出我們的反應之前，要先和孩子內在的情緒感受趨向一致或者產生共鳴。貼近孩子的情緒，意味著我們要站在孩子的角度，以包容和接受的態度看著孩子拿給我們看的東西。

其實，你可以驚訝又熱情地說：「讓我看看，哇！是色彩鮮豔的小甲蟲，是嗎？謝謝你拿給我看。你在哪兒抓到的？我認為牠們生活在野外會更好喔！」

這樣做不僅可以拉近媽媽和孩子的距離，也會讓孩子覺得媽媽重視他的想法和情感，而產生強烈的自我認同。如果父母和孩子的情緒產生共鳴，孩子的自我感受就會「良好」。情感交流能帶給孩子益處，也會影響孩子對父母和自己的理解。

初始情緒是大腦發動評價「好壞」的第一個訊號！

準確來說，什麼是情緒呢？當我們感受到它，可能會對它有所認識，但是卻很難詮釋這樣的經驗。科學觀點也許有助於我們理解情緒是什麼，以及在我們的生活中有什麼作用。這方面的知識還可以加深自我認識，改善我們與孩子和他人的關係。

情緒常被認為是一系列的感覺，我們能在自己和他人身上感受到，而且能夠用一些詞語來標記它們，比如悲傷、生氣、恐懼、高興、驚訝、厭惡或羞愧。這些情緒普遍存在於世界上不同文化的族群中，然而這些易於分類的情緒，只是「情緒」在人類生活中扮演重要角色的其中一個面向。

在這裡，我們要對「情緒」這整個概念提出另一種觀點。現在，讓我們拋開那些情緒分類，接受一種新的可能性，即「情緒可以看作是把不同單一實體整合成一個功能性整體的過程。」

聽起來有些抽象，讓我試著解釋這項觀點，並看看如何實踐、運用。

幾乎對大腦所有的功能來說，情緒皆是基礎的整合歷程。大腦集合了數以億計以極為複雜之方式發送訊號的神經細胞，它需要一個整合過程以保持平衡和諧的狀態及自我調節。情緒就是心智進行自我調節的一種方式。

正如先前所討論的，整合性對自身的幸福感，以及我們和孩子及其他人的關係非常重要。**如何體會和溝通情感，與我們感受生命的活力和意義息息相關。**

比上述類別情緒更為基本的是「初始情緒」（primary emotion），其描述如下：

首先，大腦對內在或外在訊號產生一初始的警示性反應，使注意力集中。此一初始的警示性反應基本上是要告訴我們「注意！這很重要！」

接著，大腦會去評估這個初始的警示性反應是「好」還是「壞」。此一評估歷程會促發更多的神經回路，並將此一促發狀態擴展至相關的腦區。此一評估（appraisal）或喚起（arousal）的歷程可被視為人類心智一種會引發、激起心智能量的基本歷程，伴隨著訊息的處理，這種複雜的評估過程正是大腦在心智中創造意義的方式。情緒和意義感可由同樣的神經運作歷程產生。正如我們接下來會看到，這些相同的神經回路也會處理社交訊息。情緒、意義以及社會關係之間有著密不可分的關係。

這種初始情緒是大腦對經驗的重要性及好壞做出的第一次評估。透過情緒，我們的心智變得清晰有條理，而且身體會準備好採取行動。有利的評估結果會使我們趨近；不利的評估結果會使我們退縮。

孩子在回答我們他們的感受時，常常回應「好」或「壞」，或者「還OK」，父母多半不能接受這種一語帶過的回應，但事實上，這種回應是孩子處理初始情緒的直接表現。

我們可以從非語言表達裡直接觀察到初始情緒。臉部表情、眼神溝通、聲調、肢體動作、態度、回應時機和語氣強度，都體現出喚起和啟動的劇烈程度，以及大腦中的能量流動情況。這就是個人感覺機制的本質。所以，初始情緒也稱為「心智的樂章」。

初始情緒有連結，互動才能產生共鳴、溝通才會融洽！

連結初始情緒狀態，是我們調和彼此情緒的方式。這種初始情緒一直都存在，而且當初始情緒進一步分化為「類別情緒」時，我們愈能意識到它們。遺憾的是，我們常常把「情緒化」想成只在表達類別情緒，卻忽略了將之連結到更重要的初始情緒。

連結到初始情緒層面，能讓我們整合自己的內在經驗以及人際經驗。如果雙方的心理狀態一致，彼此的情緒就會產生共鳴，讓每個人都「感同身受」。在這種共鳴連結中，兩人會互相影響彼此的內在狀態。這種一致和連結上的共鳴，讓我們的溝通變得和諧、融洽。

情緒種類

初始情緒：心智能量的劇烈流動	類別情緒：在所有文化中都能見到的特有表達模式
初始定位：現在請注意！ 評估和喚起：「好或不好？」	個別、基本的情緒，例如悲傷、恐懼、喜悅、驚訝、厭惡或害羞

一個窮忙、缺乏感知的父親，因為記錄人生故事而重新找回活力

一位四十歲的父親深受一個問題困擾：「他對任何事物都沒有感覺」，因而尋求丹的諮詢。他的母親病危，同事也剛被診斷出罹患重症，但是他「對這些沒有任何感覺」。他堅稱自己的一生就像「行屍走肉」一樣，每天工作、做該做的事，但他感覺毫無意義。

他想要改變這一切，因為他想和家人保持良好的關係，而且他認為對任何事物漠不關心是不對的，尤其在他的母親和同事生病以後。

「我所做的只是去辯解為什麼一切都會沒事，或者為什麼就算狀況變壞也沒關係。我知道這樣不對，但我就是對周遭事物沒感覺。」他說。

平日與人交往，他總覺得有疏離感，也常感覺生活空虛。

他沒有憂鬱症，也沒有類似精神疾病的表現，比如擔憂、焦慮或其他明顯症狀。如果有，也應該已經診斷、治療。他是一位頗有成就的大學教授，備受同事推崇和肯定，他對工作的要求也很高。此外，他很有道德感和正義感，和同事共事融洽，他的學生表現也很優異。

他和家人關係疏離，卻在談到孩子時濕了眼眶！

這位父親不得不檢視早年的生命經驗，以便可以建立一個架構，把目前跟主觀感受相關的資訊放進最早期的記憶裡。

他對和父母在一起的經驗回憶很少，唯一想起的是他們相當「理智」，從來無心談論他的想法和感受。他們只關注他的成就和「行為的對與錯」，卻不關心生活上的精神層面和主觀感受。在他十幾歲時父親去世，母親甚至沒有和他談過這件事。

他妻子最吸引他的特質之一，就是她很重感情。他有三個孩子，大女兒剛進入青春期，他想拉近跟她和其他兩個孩子之間的距離。

問到他對三個孩子的感受，他說起了第一個孩子出生時的情景，卻濕了眼眶。他說從來沒有這麼強烈的感受：他深愛他的女兒，也非常擔心自己能否為女兒帶來幸福，這種強烈的感受令他難以承受。

他還是個孩子時，很有藝術天分，對事物的美學觀充滿興趣，像是每件物品看來像什麼，該如何擺放，該怎麼配色等。他曾經想成為一名建築師，最後卻選擇學術研究。

所以如果用此人右腦不夠發達來解釋，又會跟他敏銳的藝術感不相符。然而，他的「心智直觀」能力低落，缺乏同理連結（empathic connection），也難以感受自己的內心世界，都暗示著右腦和左腦模式的整合受損。

在治療過程中，醫生鼓勵他像寫日記一樣記下自己人生故事的記憶，因為這類自省式的書寫記錄本身，需要左右腦整合運作。在每週例行治療中，為了進一步嘗試連結他的左右腦，治療重點放在他的身體感受和視覺意象上，以及探索這些非語言訊息的含義。

接受幾個月的積極治療後，他與女兒的相處有了全新的感受。

在夏威夷旅遊時，他們戴著氧氣裝備潛入海底，在珊瑚礁間尋找魚兒。他們游得非常近，雖然都戴著面罩，但他們透過手勢和眼神溝通。

這位父親在描述這次經驗時，說他與女兒相處的感受非常強烈。在他們共同探索海底世界時，他的內心充滿了喜悅。

他總是思考要和女兒說什麼，忘了情感溝通的重要性

在後來的反思中，他說：「我敢打賭這肯定與非語言溝通有關。平時我經常在思考該說什麼或我女兒要說什麼，甚至忘了當下發生的事。」

在這種情形下，他過分專注在談話的「內容」上，左腦模式控制了右腦模式，使他無法意識到初始情緒，而意義和連結都是由初始情緒產生的。但是在水裡，他們脫離左腦思考的控制，透過非語言訊息的溝通，對彼此產生更深刻的感受。

幾乎同時，女孩對她的父親說，「爸爸，你真的愈來愈有趣了！」

父親非常高興女兒有注意到他的變化，他說他對自己也因此有了全新的認識——這是源自內心的體會，是發自肺腑的感受。

他愈來愈能意識到腦海裡的景象（這些景象並不需要以語言方式思考）；他和家人的關係也好轉了，並且提到他跟家人相處得很「輕鬆自在」而且有連結感。他對當下發生的事有了更多感受，很少再被自己的想法占據。隨著右腦和左腦思考模式的連結增強，他也可能準備好進一步去探索父親去世帶給他未解決的感受，同時對於母親和同事患病擁有全新的體會。

改變疏離、淡薄的個性，就從察覺初始情緒開始！

接受自己有和他人產生連結的需求時，我們往往得先痛苦地承認自己多麼的脆弱和容易受傷害。在透過治療對自己的初始經驗有所覺知之前，這位父親因為受到童年家庭生活的影響，切斷了對內在經驗的理解。

人類生來即會將「人際關係」評估為「重要的」、「好的」，然而這位父親為了因應童年的家庭生活經驗，只能非常「適應地」將這個評估方式和他心智的其他部分斷開。這種適應性是一種防禦機制，對阻絕煩躁和失望情緒的蔓延至關重要，因為在情感淡薄的家庭裡，這些情緒會讓人失去活力。

這位父親在童年時，由於這樣封閉的防禦機制非常有效，以至於阻止他的評估／喚起系統產生更強烈或特定的情緒。因此，他時常感到麻木和空虛。

父母的情感疏離，讓他跟創造生命意義的過程失去了連結。由於他在治療中的努力和自我反思的記敘，逐漸恢復人際關係和內心感受力，生活變得協調和平衡，也更有意義。

從共鳴、感同身受到同理心，是親子溝通融洽的基礎

要能「感同身受」，我們與他人的初始情緒須處於調和的狀態中。如果兩人內在的初始情緒發生連結，心理狀態就能一致，此時雙方就會感覺到溝通融洽。

我們與他人的初始情緒狀態發生連結時，我們的初始情緒就會深受他人的情緒影響。如果雙方的溝通有限，只集中在很少出現的類別情緒上，那麼我們就會失去能讓我們每天感受到奇妙連結時刻的機會。

透過非語言訊息的分享，我們的心理狀態和他人的初始情緒趨於一致，因而產生共鳴。即使我們跟他人實際上是分開的，仍然能持續感受到這種共鳴的連結。因此，和他人感官上的共鳴體驗會成為我們「對他人記憶」的一部分，這樣這個人就成為我們生活中的一部分。

如果人際溝通中可以產生共鳴，就會出現令人振奮的融洽感受。這不僅體現在某個特定時刻，我們還會透過溝通產生的共鳴，持續感受到與他人相連。這種共鳴會透過跟他人以及跟彼此相關的回憶、想法、感覺和影像，讓我們有所體驗。在此過程中，內心持續的共鳴感可以看作是我們心心相連的體現，此一連結說明雙方的心靈進入和諧狀態。

我們會下意識地感同身受，也會回想自己心理再揣摩他人感覺！

發生在人際關係裡的事，很多都關係到共鳴過程，即個人的情緒狀態得到另一人的回響。除了調和的心理連結能產生共鳴，另一個影響共鳴產生的關鍵因素是「鏡像神經元」（mirror neurons）。鏡像神經元系統是一項新發現，是人類身上連結知覺和行為的特殊神經元，也是一個人在腦海中創造出他人心智狀態的基本要素。

鏡像神經元分布在大腦各區域，其功能是把行動（motor action）和知覺連結起來。舉例來說，如果某個對象看見有人有意做某件事，比如拿起水杯，他的特定神經元就會發出信號，當該對象自己拿起水杯時也會發出信號。鏡像神經元並非看到任何行為都會發出信號，前提是有意為之的行為。

在某個對象面前隨意地揮手，並不會啟動某個鏡像神經元，做出帶有特定意圖的行為才會啟動。鏡像神經元的信號發送模式證明了大腦能偵測他人的意圖，這不僅是人類早期模仿和學習機制的證據，也是人類「心智直觀」（看見他人內在心理狀態）能力形成的依據。

鏡像神經元會發揮連結作用，讓旁觀者察覺到他人的表情後，在腦中創造出那些心理狀態。這樣一來，當我們感受到對方的情緒，便會下意識產生同樣的情緒反應。

比如有人哭了，我們看了或許也會想哭。我們讓自己站在他人的立場，得以感同身受，因為我們從自己的身心反應獲知他人的感受。我們檢視自己的心理狀態，以了解他人的內心。這是同理心產生的基礎。

當孩子感受到「被理解」，就會產生良好的自我感受！

融洽感的關鍵在於同理溝通的經驗。透過分享心智能量的波動，也就是初始情緒，一個人的心就和另一人緊密相連。

當孩子感受到正面情緒，比如在他們高興以及有掌控感時，父母可以分享這種情緒狀態，並熱情地和孩子一同回應並共享強化這種情緒。

同樣地，如果孩子產生負面情緒或情緒低落，比如失望或受傷，父母可以設身處地體會孩子的感受，用寬慰的語氣來安慰孩子。

真正融入彼此溝通，會讓孩子感覺被理解，感受到自己在父母心中占有一席之地。如果孩子能從積極回應且善解人意的成人身上，感受到雙方的心理達到調和狀態，就會產生良好的自我感受，因為他們的情緒得到共鳴和回應。或許以下的故事可以更清楚說明「調和」（attunement）的概念。

當孩子感受到正面情緒，比如在他們高興以及有掌控感時，

父母可以熱情地回應孩子，並共享、強化這種情緒。

先了解孩子的內心感受，再給予適合孩子的讚美

瑪麗注意到學校操場上一個小女孩和實習老師的互動。莎拉今年四歲半，性格有點優柔寡斷，對人際互動和團體活動小心翼翼，也缺乏嘗試新事物的膽量。老師特地為她安排一些學習機會，從中給予支持和鼓勵，幫助她建立自信。

此時正值下學期，莎拉開始自我挑戰練習。

幾年前，操場上有棵懸鈴樹倒了，在地上成了一座三公尺長的橋。孩子們喜歡在上面走來走去，覺得很有成就感，但是莎拉從來不敢冒險嘗試。直到五月中旬有一天，她突然有了自信，跳到樹幹上從這一頭走到另一頭。實習老師一直在旁注視著她，等莎拉從樹上下來，老師立刻讚美她，給她鼓勵，因為她看到莎拉的表現，非常興奮。

「非常好！妳做得好極了！妳是最棒的！」老師激動地大叫，邊跳邊揮舞著手臂。莎拉只是害羞、木訥地看著老師，臉上掛著淡淡的笑容。但是接下來幾週，莎拉迴避那棵樹。對她來說，再走一次需要很大的勇氣。

在這次互動中，出了什麼問題？

當然，實習老師對莎拉的表現給予肯定，但是她沒有和莎拉的感受達到調和。

老師的反應只是表現出自己的興奮和自豪，卻沒有注意到莎拉在這次經驗中，勇氣十足地進行一次大冒險。老師的評論並沒有表達出莎拉最真實的感受，事實上老師的這些評價對莎拉來說太過沉重，未能發揮鼓勵莎拉的作用，讓她再冒險走一次。

「或許我不會再有這麼好的表現。我最好不要再試了，免得從上面掉下來。」或許莎拉是這麼想的。要繼續拿出「很棒」的表現，對一個謹慎的孩子來說是件難事，所以她為了保險起見，無法在首次成功後繼續嘗試下去。

老師該說什麼才能穩固莎拉剛展露的自信？她該用什麼方式鼓勵莎拉，才是尊重她的感受？老師又該做何反應，才能鼓勵莎拉對她的成就進行反思，讓她相信自己還能取得這樣的成就，進一步用自信來延伸成就？

用對鼓勵，孩子才能將自己的感受和成功連結！

老師若用溫馨、關懷的方式回應莎拉的成就，莎拉就能從老師的反應中體會這評價。

老師可以說：「莎拉，我看到妳小心翼翼地挪動腳步，一路走到橋的另一邊。妳做到了！妳可能有點害怕，因為這是第一次，但是妳堅持到最後了。妳真棒！現在妳開始相信自己了。」

這種說法才是老師應該給莎拉的評價，但老師的反應多半體現的是自己的感受。

假設老師做出上述評價，莎拉就能把自己的感受和經驗連結起來。這才算是情感調和且相互連結的反應。恰當的反應能讓莎拉進一步反思自己的外在行為和內在心理，對以後的經驗做出更好的思考。

為了讓孩子們自我認知更全面且前後一致，別人給予的適當評價，必須要與他們的內在心理感受和外在經驗一致。當我們以調和的溝通方式跟孩子建立連結，就在幫助孩子建構一個整合、有連貫性的生命故事。

溝通別太用力，彈性放鬆也很重要
——不須時時保持融洽狀態，也要給自己和孩子獨處空間

情感調和的溝通有利於增進個人的自主性與自我調適的彈性。情感溝通能使人進入一種融洽狀態，這是整合性的情緒作用過程，可以使父母和孩子充滿活力和幸福感。融洽的心理感受有助於孩子形成更強的自我感，增進自我認識的能力，培養同理心。

這並不代表我們要一直保持融洽的感覺，或者必須持續聆聽和回應孩子的經驗。父母過度關注孩子，會帶給孩子困擾。

親子關係中存在著週期性的連結和分離需求，父母對孩子需要連結及獨處的時刻都必須保持敏感。與孩子達到情感調和的父母，會尊重孩子「連結—獨處—再連結」需求的自然擺盪規律。我們並非生來要一直與他人達到調和狀態。調和的人際溝通應該尊重這種有規律變化的需求。

知道情緒如何影響自己與他人，才能打開對話之門！

和孩子建立情感連結前，我們要以正念覺察自己的內在狀態，也需要敞開心胸去理解和尊重孩子的心理狀態。我們不僅要從自身角度，更要從孩子的角度來看待事情。當我們無法意識自身的情緒，或者被心裡遺留的問題所束縛，就很難做到這點。正如前文討論的，我們在心理上常有遺留或未解決的問題，導致出現「膝跳反射」（knee-jerk）般的情緒反應，立刻破壞我們以情感調和的方式與孩子產生連結的機會。

我們常常不能檢視自己，也意識不到自己的初始情緒狀態，甚至會否認那些類別情緒，只在情緒投射至外在行為時，才意識到自己有情緒，但這常會為孩子帶來傷害。

所以，我們要努力察覺自己情緒作用的過程，更要重視情緒在我們的內心和人際交往中的重要作用。

認清情緒的起點，才能靜下心來做出適當反應！

一般來說，孩子都很脆弱，往往會受到我們無意表達的情緒或心裡的遺留問題傷害。另外，在早年生活中形成的防禦性反應機制，也會限縮我們理解和感受孩子的內心。如果沒有對自我認知進行反思，這種防禦性的反應模式會造成孩子對現實和人際關係的認知扭曲。

・狀況模擬

丈夫突然離開，剛離婚的母親會因三歲兒子要她陪伴而大發脾氣。由於這位母親不能接受離婚帶給她的孤獨和被拋棄感，便覺得兒子的「過分要求」對她是一種威脅，其實兒子只是表達想和她親近的願望。

・啟動防禦性反應模式

當她把自己因沒人關心而產生的怒氣發洩到孩子身上，年幼的孩子成了出氣筒。她時常感到孤獨無依，這樣的情緒與她自身年幼時的經歷相仿，使得她無法滿足孩子對她的親近需求。這就是父母因自身未解決的心理問題，而導致孩子情緒混亂的例子。

・覺察你的情緒，正確回應

如果這位母親能在情緒上正確處理離婚帶給她的痛苦，把這重大的生活變故和對自己過去年幼經歷的理解有所連結，就可以在新生活中突破防禦反應，不再對兒子亂發脾氣。她才會理解自身未解決的問題，正傷害著她對兒子正常親近的需求，做出適當且溫暖的回應。

小心！父母防禦性的反應，會讓親子關係更疏離

自我反省以及認識內在的過程，會讓我們有更多選擇方式來回應孩子的行為。

如果我們能自由選擇回應模式，就不會受制於那些通常跟孩子無關的情緒反應：那些過度反應多半是我們自身情緒狀態所引發，而不是與孩子溝通時的情緒所引發。

全面認識自我會讓我們敞開心扉，與孩子進行積極融洽的情感交流。連貫的自我認知和融洽的人際溝通往往是相伴而生的。

如果內在的負面情緒妨礙了我們與孩子的溝通，我們強烈的情緒反應會喚起孩子的情緒防禦狀態。一旦發生這種情形，親子之間就不會擁有和諧的關係，反而各自躲進自己的內心世界，只感到孤獨和疏離。

如果父母和孩子真實的自我都隱藏在這層心理防禦牆後面，就再也感受不到心理上的連結或相互理解。如果孩子一直感到孤獨，他們也許會藉由激烈或退縮的行為，對這種疏離狀態表現出恐懼或不快。此時，孩子的行為可能會引起父母的注意，但疏離感卻阻礙父母產生重新跟孩子建立連結的企圖。在這種情形下，**父母自身的情緒問題會引發孩子的疏離反應，進一步妨礙我們理解孩子或自己的情緒。**

所有人際關係，尤其是親子關係，都建立尊重個人尊嚴和自主權的調和性溝通上。欠缺情感理解，就很難感受心理上的連結。情感連結能為和諧順暢的溝通打開一扇門，讓對話發生，進而使我們相互連結。

如果內在的負面情緒妨礙了父母與孩子的溝通，我們強烈的情緒反應會喚起孩子的情緒防禦狀態，親子關係就不會和諧，只會感到孤獨和疏離。

整合性溝通家庭，讓孩子既有獨立個性又能彼此尊重

和孩子溝通或許是最具挑戰性、也最值得的經歷。如果我們能透過整合性溝通（integrative communication），和孩子相處融洽，就能建立長久且有意義的親子關係。

當我們和孩子在心理上趨於一致時，便進入一種彙整心理各基本要素的交流過程，這種心理連結會使我們強烈地感受到對方。

整合性溝通在我們和孩子一生的相處中都會發生。即使我們和孩子在實際中是分開的，也可以透過溝通整合而產生共鳴。

如果孩子和我們相處時能感受到共鳴，即使我們不在孩子身邊，也會讓孩子感到安心，感受到我們的理解，感受到他們在我們心裡的位置，這就像我們進入孩子自我意識的形成過程中。

與他人相互連結的心理感受會帶給孩子安全感，幫助他們控制情緒、探索外在世界。情感溝通為親子關係建立基礎，也能為孩子和他人的關係奠定基礎。

整合性溝通的實踐

1. **覺察：**注意你自己的情緒和身體反應，以及他人的非語言訊息。
2. **調和：**讓自己的心理狀態與他人保持一致。
3. **同理心：**打開心房感受他人的內心和想法。
4. **表達：**以尊重的態度和他人溝通你的內在心理感受，並且表達出來。
5. **融入：**以語言和非語言的方式，在施與受的溝通氛圍中與人分享感受。
6. **澄清：**幫助理解他人的經驗。
7. **尊重彼此的自主性：**尊重每個人內在的尊嚴和獨立性。

經過證實，右表列出的方法確實有助於人們在溝通中感受到融洽的氛圍。

整合是一種歷程，透過這種歷程，獨立存在的各部分能連結成一個整體功能。

舉例來說，關係比較協調的家庭，可以讓家庭成員保持各自的性格差異，又能讓家人相處時尊重這種差異，建構一個連貫性的家庭經驗。在這種整合的家庭系統裡，溝通會充滿活力並反映出高度的複雜性，而這借助於融合兩個重要過程：分化（家庭成員是獨立且有差異的個體）和整合（各成員能融洽相處）。這種分化和整合的融合，能讓家庭創造出一加一大於二的效果。

整合性溝通能使父母和孩子在一起形成「我們」時，各自保有獨立性，提升他們在生活中對彼此連結的感受。

教養練習題

1. 回想一下，你和孩子是否對同一次經歷有不同的反應，試著從孩子的角度看待這件事。你如何評價在同一件事上你和孩子的感受不同？如果你能告訴孩子，你是如何理解這次的經驗，你覺得孩子會有什麼反應？

2. 思考一下「一一一頁」中列出的練習方法，並觀察你與孩子的相處。想一想，在你與孩子的溝通中，是否有體現出這些方法。試著在日後的親子相處中，融入這些方法。孩子會感受到你對他們的理解嗎？你和孩子相處時的融洽感受又是如何形成的？

3. 設法把這些方式運用到你與自己的溝通中，你要如何坦然接受自己的內在心理狀態和初始情緒？覺察你的內心感受、念頭和影像，能使你更深刻地感受正念。當你把這種內在的心理作用融入到意識中，用同理心來理解它們，而不須分析或刻意改變自己。

大腦「情緒」演化史：從自我適應到與孩子內心溝通

大腦邊緣系統能調節身體機能、內在狀態，並和社會連結

情緒是一門複雜的科學領域，包含對文化、心智歷程以及大腦機能的研究。

相關動物研究指出，人類不是唯一有感受的生物，動物面對危險會產生戰或逃或僵的行為和心理反應。這些反應看來非常「情緒化」。然而，在動物王國裡，哺乳類動物演化出一套複雜的溝通方式，跟同類進行內在狀態的交流，這使牠們成為一個獨特的群體。

從這層意義來說，情緒是一種內在歷程的反映，而且能跟同類進行外在的溝通和交流。伴隨著這種溝通和交流的是負責中介情緒和動機的相關大腦系統，也就是大腦的邊緣系統（limbic system）。

保羅・麥克林（Paul MacLean）提出「三腦一體假說」（triune brain hypothesis）闡述他的觀點。即大腦是由獨立又相互連結的三部分組成：位於最裡層的腦幹、處於中間層的邊緣系統，以及最外層的新皮質。

腦幹被視為最「原始」的大腦構造，也稱為爬蟲類腦。隨著動物不斷演化，處於腦幹外層的邊緣回路被哺乳類動物繼承下來，逐漸發展為腦的一部分。邊緣系統包括杏仁核（amygdala，調節重要的情緒，例如恐懼、憤怒和悲傷）；前扣帶迴（anterior cingulate，大腦的「營運長」，執行注意力分配的控制功能）；海馬迴（hippocampus，調節外顯記憶，將脈絡形成記憶的「認知圖譜繪製者」）；下視丘（hypothalamus，神經內分泌的調節場所，透過平衡荷爾蒙使身體和大腦進行溝

通）；眶前額葉皮質（prefrontal orbitofrontal cortex，把一連串作用過程整合起來，包括情緒調適和自傳式記憶）。

雖然邊緣系統沒有明顯界限，但各種神經回路確實傳遞同種類的神經傳導物質，也具有各物種的共同特徵。邊緣活動的影響範圍很廣，下至腦幹區，上至大腦的第三層，即新皮質（neocortex，或大腦皮質）。

邊緣系統不僅能調節腦幹，還能調節跟環境尤其是社會環境互動時所產生的內在狀態，包括身體機能。的確，邊緣系統的活動有助於解釋為什麼大多數哺乳類動物都對社會世界感興趣：因為社會交流可以幫助他們調節身體機能！與他人的內心世界溝通是哺乳類動物的能力之一，這也使我們成為一種精細複雜且好奇的社會動物。

隨著靈長類動物在哺乳綱這龐大階級裡不斷進化，大腦也進一步產生變化。進化不僅是長出新構造，也指舊神經回路適應新的功能。因此，邊緣系統最外層的眶前額葉和前扣帶迴區，也被認為是大腦不斷進化的新皮質的一部分。

新皮質在人類身上進化得最為徹底。人類能夠進行高度抽象的感知、構思以及推理，是由於新皮質具有錯綜複雜的皺褶。新皮質的運作，尤其是在大腦前額葉區域，能使我們靈活地思考，反思一些抽象概念，例如自由和未來，並且用語言向他人描述這些複雜的想法。雖然語言本身並不能充分代表我們的想法，但是仍能使我們遠離實際的束縛。這種自由能使我們進行創造或毀滅。

語言是一種強大的符號系統，能讓我們操控世界以及身邊的人，也可以讓我們跨越通常將彼此心靈阻隔的時空界限進行溝通。

古希臘詩人亞里斯多芬（Aristophanes）寫道：「語言能讓心靈展翅飛翔。」新皮質使人變得開化，並推動人類文明不斷進步。

這個由腦幹、邊緣系統以及新皮質組成的「三腦一體」架構，可能會讓人以為進行抽象推理以及使人開化的新皮質是大腦發號施令的地方。

事實並非如此，至少情況不是如此簡單。我們已經知道，推理思考會受到情緒以及身體作用過程的深遠影響；新皮質的活動也受到邊緣系統和腦幹神經活動的直接影響，因此較「高層次」、進化較為徹底的新皮質本身並不發號施令，跟社會、情緒以及身體運作相關的其他大腦區域，會直接形塑新皮質的抽象感知和推理思考。

大腦透過情緒和社會相連結

幾乎所有哺乳類動物都有社會連結，這在母親和初生幼仔之間表現最為明顯。哺乳類動物的大腦邊緣區包含兩種重要過程：（a）維持原始的「身體─大腦」機能的平衡，例如：心跳、呼吸、睡眠週期；（b）從外界接收資訊──尤其是從其他哺乳類動物的社會世界。

杏仁核對知覺以及面部反應的外在呈現具有重要作用，並且對於調節情緒來說也非常關鍵。這種雙重的內─外機能會使哺乳類動物具有一種獨特的趨向：我們都很關注其他個體的內在心理狀態──尤其是親代對子代的關注。這種趨向使得親代能夠發展出一套均衡方法，調節子代的心理狀態，而且也體現在老鼠、猴子以及其他靈長類動物（比如人類）身上。像爬蟲類，兩棲類以及魚類等低等動物，缺少進化的邊緣回路，因此不會對同類的內在心理狀態大驚小怪，也不會像哺乳類動物一樣，進行有情緒反應的社會生活。相較之下，人類能與他人甚至其他哺乳類動物進行情感交流，包括現在或許就坐在你腳邊的狗狗。

鏡像神經元能辨識他人心理而有所反應

所有哺乳類動物都依靠高度進化的邊緣回路來「解讀」同類的內在心理狀態；除此之外，靈長類動物似乎已經發展出一種獨特能力，產生與同類相似的心理狀態。當靈長類動物看到同類做出有意圖的外在行為時，牠們會表現出特定反應。

由於人類進化出獨特的大腦新皮質和語言功能，所以不僅能夠意識和調和心理狀態，還能推測他人內心的想法。目前我們正慢慢揭開讓這種不可思議的社會功能得以發生的神經運作原理。

大約十年前，「鏡像神經元」首次在猴子身上被發現，在人類身上發現則是後來的事。神經科學家這項振奮人心的發現，在同理心、文化和人際關係的本質研究領域裡引起了一連串令人振奮的話題。加州大學洛杉磯分校「文化、大腦與發展中心」的馬可．亞科波尼（Marco Iacoboni）與其他研究人員在人類身上發現了鏡像神經元，而他的同事目前正在研究鏡像神經元在跨文化情感以及社會生活上如何發揮作用。

我們可以從鏡像神經元進一步看出，大腦如何進化成一個複雜連結體。

社會動物可以解讀彼此的外在表情和內在心理狀態，因此透過進化而生存得更久，這也使得鏡像神經元讓我們容易而準確地對他人的心理做出反應。這種在社交環境中「解讀心理」，決定他人是敵是友的能力，有著深遠的生存價值。

因此，我們具有遺傳而來的同理心，也擁有心理感知能力，兩者都根植於進化的過程。鏡像神經元系統的強大作用之一是幫助我們理解社會經驗。同理心讓我們把自己置於他

人的立場上，我們會透過鏡像神經元系統在內心產生的狀態，來獲知他人的心理狀態。另外，理解他人的情緒跟我們的覺察力以及對自身的理解都有直接關係。

對親子關係而言，當父母擁有心靈直觀能力，能察覺自己及他人的內心並表達出來，似乎就具備心智的連貫性，而這種連貫性跟孩子的健全發展有關。

不過就目前所知的知識來說，我們還不知道親子關係良好或欠佳（讓孩子健康成長或為孩子帶來傷害），是如何對鏡像神經元系統產生影響和作用。關於這種系統在親子間日常同理互動中如何作用，或者對成人理解自己生活、敘述生命故事的方式有什麼影響，我們也不得而知。這些問題都是這激勵人心的新興領域裡值得研究的面向，並且未來可能會有所成果。

兩人心意相通＝彼此大腦神經整合一致

許多進行情緒研究的學科領域認為，這種難以捉摸的過程具有整合的功能。有些學者認為情緒把生理（身體）、認知（資訊處理）、主觀（內在知覺）以及社會（人際互動）這些作用過程連結在一起。部分學者則分析了情緒調節與被調節之間的關係：情緒對心智具有調節作用，同時也受到心智調節。

臨床醫生發現他們試圖描述情緒時，會陷入一種思考循環狀態：當你對某件事有強烈感受時會萌生情緒；而感受則會在你有情緒時產生。研究人員和臨床觀察者在思考情緒時，總是陷入這樣的概念循環，原因或許是他們一直在描述全貌的一部分——正如盲人摸象的古老故事一樣，而全貌又和人的情緒跟神經整合的作用過程有關。整合作用就是在一個龐大系統裡把各自獨立的部分連結在一起，神經整合則是神經把身體及大腦某一區域的活動與另一區域連結起來。

在大腦內部，所謂的「聚合區」（convergence zones）擁有分布廣泛的神經元，它們會延伸到大腦的不同區域，把各區輸入的資訊聚集起來，形成一個機能性的整體。前文描述到的聚合區包括眶前額葉皮質和海馬迴。聚合區對大腦不同區域的神經活動有整合作用。其他神經活動則由胼胝體（一種帶狀神經組織，負責大腦兩半球之間神經資訊的傳遞）負責整合。

另外，小腦也負責把廣泛分布的不同區域相互連接。而上文提到的杏仁核，也含有大量的輸入和輸出神經纖維，能夠連接感知、肢體動作、生理反應以及社會互動這些不同的元素。

把情緒視為一種神經整合的結果，能讓我們思考情緒對個人各項機能的廣泛影響。這也能讓我們明白，大腦調節正常可以使各功能保持平衡，但若受到損害，就可能發生情緒調適紊亂，後果就是「無法整合」。

在人際互動中，當我們的心理處於整合狀態，就可以在情感上跟雙方產生連結。這種心心相連的結果，發生在個人主觀的內在心理狀態得到另一人的尊重，並且對方有所反應的時候。我們會感到自己在對方的心裡占有一席之地，而這種情形可以視為兩人大腦活動的整合：本質上是神經的整合，外在表現則為人際互動。

CHAPTER 4

回應與溝通

建立親子間親密的連結路徑

如果我們表達出內心的情緒，孩子就會知道我們在乎什麼，

也會了解情緒表達的正確模式，學會如何設身處地思考問題。

如果我們尊重孩子和自己的感受，就會對孩子坦誠相待、充滿熱情。

溝通無時差、內心頻率一致，才是健康的親子關係

學習站在同理的角度傾聽孩子、和孩子溝通，是教養過程中非常重要的環節。充滿關懷的溝通有助於形成健康的依附關係，尤其對建立互信的親子關係格外重要。

跨文化領域的研究證實，健康依附關係的共同點是父母和孩子都具備向對方傳遞與接收訊號的能力。這稱為「權變溝通」（contingent communication），意指在溝通的每一個當下，父母都能立刻感受到孩子發出的訊號、給予理解，並適時地回應，而這涉及到雙方和諧的合作。

如果親子互動能彼此尊重、積極回應，親子間的溝通會更融洽。權變溝通能讓親子感受到彼此內心緊密相連，這種溝通狀態也是人們在生活中培養和建立人際關係的核心。

合作性溝通（collaborative communication）或權變溝通能讓我們透過接受別人的觀點，及看到自己的觀點得到他人的回應，來拓展思考面向。

從孩子出生起，父母必須和他們積極溝通，才能幫助孩子健康成長。當嬰兒微笑，輕輕發出咿呀聲響時，懂得如何養育孩子的父母會對孩子微笑，並模仿他們的聲音，用類似的方式回應孩子，然後停頓一下，等著孩子再次回應。這樣的對話會告訴寶寶「我在看著你、聽你說話，回應你，這對你很重要，因為這會使你了解自己、在乎自己、我很喜歡你說話的方式。」

透過簡單的對話，建立親子間的連結，並藉由相互發送並接收對方的訊號，感受到彼此融為一體。孩子的心理健康，建立在親密溝通的基礎上。

在權變溝通中，訊息接收者會敞開心胸去傾聽對方的感受，他的反應模式取決於當下的溝通情形，而不是依循舊有的、固著的預期心理模式。這種溝通模式，只有在未受過去內心所經歷的事件影響時才可能發生。

權變溝通充滿了建立連結的機會，因為它不是機械式回應，而是父母對孩子實際發出的訊息所做出的具體回應。

在權變溝通的過程中，父母會特別注意傾聽孩子。然而，事實上多數時候父母不會用心傾聽孩子表達的訊息，因為他們的內心總是被自己的想法和感受占據。此外，孩子發出訊息的真實含義不見得很明顯，父母或許需要對訊息進行「解碼」，才能理解。

記住，很重要的是，即使孩子的訊息在你乍看之下並不合理，他們仍然在盡力表達想要滿足某種需求的願望。

親子互動能彼此尊重、積極回應，親子間的溝通會更融洽。

權變溝通讓親子感受到彼此內心緊密相連，是生活中培養和建立人際關係的核心。

孩子為什麼哭鬧？

——孩子哭鬧，是要表達「媽媽，我需要妳！」

・狀況模擬

一位母親下班後回到家，一歲十個月大的兒子熱情地跑來迎接她。經過一天的分離，兒子想和媽媽「重新連結」。

然而，媽媽卻想先卸下她的職場角色，再投入媽媽的角色中。所以她飛快地隨意抱抱孩子，便走進臥室換衣服，說道：「媽媽馬上回來。」

這個簡短地連結又分離的舉動，無法讓孩子得到滿足，所以他哭了起來，希望媽媽抱他。媽媽想拖延孩子的需要，等換完衣服後再去照顧他。結果孩子變得急躁，哭得更大聲，躺在地上踢著牆壁。

這個舉動惹惱了疲憊的媽媽，她不想聽到猛力踹牆的聲音，也不想清洗牆壁上的鞋漬。她覺得孩子不可理喻，太過分了，於是嚴厲地說，「除非你馬上停止，否則我不會陪你玩！」

・母親的想法

孩子聽到媽媽對他發脾氣，感受到更強烈的分離感，變得更加急躁，朝媽媽揮舞拳頭。

現在媽媽不打算給孩子任何正面的關注，因為在她心目中，孩子的行為是錯的，她不想縱容這種「惡行」。

．孩子真實的念頭

和媽媽分離一整天後，孩子釋放出重新連結的訊息，但是媽媽心有旁騖而沒接收到，孩子因不被媽媽理解而感到挫敗。但是他仍繼續尋求獲得連結的辦法，即使是透過消極的哭鬧方式。

．正確的溝通與處理態度

如果這位母親能理解孩子最初發出的訊息，就會坐在沙發上抱起孩子和他說話或為孩子念一會兒書，再去換衣服。

經過短暫離別後，和父母重新連結對孩子來說很重要，如果父母知道這一點，就會用務實的預期心態面對，避免為孩子及自己帶來不必要的挫敗。

權變溝通可能會帶給這位母親不同的選擇，亦即積極地滿足孩子的溝通需求，改善親子互動，而且由於雙方感受到他們的心連在一起，很可能會改善他們晚上的相處狀況。如果孩子感到不被人理解，小事都有可能變成大問題。

媽媽積極地滿足孩子的溝通需求，可能會改善相處狀況；如果孩子感到不被人理解，小事都有可能變成大問題。

孩子為什麼缺乏安全感？

——孩子的想法不被理解，就無法建立人我關係

為什麼合作性、權變性的溝通如此重要？從生物學的角度來看，我們外在的人際溝通方式會形塑大腦神經結構，進而產生自我意識。

可用以下方式描述：當我們發出訊號，大腦就開始接收他人對此訊號的反應。我們接收到的反應也會隨之嵌入自我意識的神經圖譜裡。這樣一來，大腦就會產生一種「自我隨他人改變」的神經圖譜（neural maps），並成為我們自我意識的重要部分。

若他人給予我們權變性的反應，那麼在我們和他人進行連結時，神經機制會產生連貫的內在感受，亦即在發送訊號前和訊號獲得回應這段期間，我們的自我會感受到連貫順暢。

和人積極互動、被人理解，能增進孩子自我感受良好

這是如何發生的？權變性回應是指他人訊息的品質、強度和時機清楚反映了我們發出的訊號。我們在社交場合和他人建立關係時，權變性的人際互動會讓我們的神經產生一種基本但強有力的感受。同時，這種人際連結會使自我感受到強烈的連貫感。

如果權變溝通存在於互動過程中，我們就會對他人產生很好的感覺。我們會感覺很棒，感到被人理解，不會覺得自己在這個世界上是孤獨的，因為這使我們的內在自我跨越了自身的局限，與外界獲得緊密連結。

隨著時間推移，不斷出現的權變溝通模式還能讓我們發展出連貫性的自傳式自我，連接我們的過去、現在以及可預期的未來。當下的覺察以及不斷反思的自傳式意識，都會形塑我們在現實生活中的經驗和感受。

合作性、權變性溝通能夠拓展自我意識。當我們的內心感受到與孩子相連時，就會更理解和接受孩子。這就是合作性溝通的本質。此外，他人對我們發出的訊號不僅是回應，還會融入個人看法，這種看法是對雙方溝通的一種理解。用這種溝通方式，孩子就會感受到被人理解：覺得父母了解他們內心的想法和感受。

學習的現象會在社交情境中發生。孩子能夠透過與他人的融洽相處，建構社會知識並了解自我，這在不與他人互動的獨處情況下絕不會發生。這種認知過程稱為「共同建構」（co-construction）。**當孩子在與父母以及他人的溝通和連結中學習認識自己時，也就在合作建構的過程中產生了自我認知。**

溝通出現斷層，孩子會因感受孤獨而缺乏安全感！

讓我們來看一個場景。一個嬰兒的尿布濕了，哭了起來。在理想情況下，父母聽到哭聲後，會在合理的時間內弄清楚小寶寶發出不快樂訊號（即哭聲）的原因，然後透過幫孩子換尿布給予回應。

小寶寶在過程中的感受是：

(1)因為尿布濕了而感到不適，用哭喊發出訊號；

(2)父母幫他換尿布，他感覺受到撫慰；

(3)他的自我意識在與父母的連貫順暢溝通中獲得改變。

人際之間的權變溝通就是透過這種方式產生內在的連貫性。

如果父母沒有感受到或不了解小寶寶的訊號，就可能做出不恰當的反應。比如，父母可能會和孩子玩、給孩子食物，逗孩子開心或者是搖著孩子、哄他入睡。

這時，小寶寶的感受是：

(1)心裡不舒服，一直哭鬧；

(2)得不到適時及撫慰性的回應，他仍然不快樂，未能和父母在心理上建立連結；

(3)得不到「自我隨著與父母互動而改變」的連貫感。

現在小寶寶陷入了孤立狀態，無法從外在世界得到安慰，並且從這種欠缺連結的溝通中形成了自我意識。在這種不連貫的經驗裡，孩子不知道該期望什麼或依靠什麼。此外，孩子還會慢慢形成一種認為「自我意識隨著與父母互動而改變」是不可靠，也不連貫的想法。

有時權變溝通會產生連貫的自我意識；有時則讓孩子處於一種缺乏連貫感的孤立狀態。因此，孩子會形成一種認識——世界缺乏安全感，他們的自我意識也充滿了焦慮和不確定。

親子溝通不會永遠順暢

——有障礙↓修復，孩子才會明白連結不良是可以修復的！

為了讓孩子健康成長，他們（或許也包括我們，不論我們年紀多大）需要和生命中重要的人進行權變溝通，尤其需要「夠體貼」的父母。雖然沒有一個父母能一直提供權變溝通，但是頻繁的連結感對建立人際關係非常重要。

對父母來說，要理解孩子發出的訊號，往往是個挑戰，有些孩子不容易理解，也不好撫慰。當不可避免的分離和誤解發生時，我們能修復這些問題，孩子也會慢慢明白，親子之間的連結是可以修復的。

透過權變溝通和關係修復的重要時刻，孩子會慢慢累積與父母緊密連結的正向感受，進而在成長中形成連貫的自我意識。

想要積極地接受和認可權變溝通這種複雜的心理作用，我們必須要有與外界連結的意願。如果父母在童年沒有經歷過與他人發生心理連結的感受，那麼親密的、相互配合的溝通對他們來說有點困難。

時刻感受和理解孩子的溝通需求，並給予回應，這種基本的心理反應對父母來說是個挑戰。孩子如果覺得父母的回應不夠及時或不恰當，他們會變得情緒低落，進而降低了進一步與人交往的動力。如果孩子的實際感受遭到父母或其他重要成人的否定或誤解，心理上便會感到困惑，因為他們都是孩子生命中重要的且最需要連結的人。

你真的聽懂孩子的話了嗎？

——理解孩子的感受，不要一味地否定！

我們每天都會錯失真正建立連結的機會，因為我們不能正確傾聽和回應孩子，只從自己的角度出發，未能和孩子的內心建立連結。當孩子說出內心的想法或感受，不論我們是否感同身受，都必須尊重孩子的感受。

父母可以傾聽和理解孩子的感受，而不是告訴孩子我們自己的想法，或者一味地指責孩子的不是。

下列例子有助於說明這項觀點。

設想一下：

你的孩子騎自行車摔倒了。孩子哭了，但你可能覺得孩子只是受到驚嚇，沒有受傷，於是回應：「你沒有摔傷，不應該哭，你是個大男孩了。」但對孩子來說，不管是身體還是自尊心他都感覺受傷了；但你卻告訴孩子，他這樣是不對的。

試想一下：

如果你能適時地回應孩子：「你在草地上摔倒，可能嚇到了。有受傷嗎？」孩子會有什麼感受？

或者再試想，孩子從廣告上看到一個特別的玩具，非常喜歡。你卻說：「喔，你不會真的想要，那是個沒用的東西。」孩子只是說他想要，並不代表你一定得買給他。

這時你可以滿足孩子的願望，問他：「那個玩具看起來很好玩。告訴我，你為什麼喜歡？」如果孩子堅持要馬上得到玩具，你可以說：「我知道你非常喜歡、迫不及待想擁有它，也許你希望我記下來，等過節的時候，我就知道你想要什麼禮物了。」

如果父母懂得不必實際滿足孩子的願望，但讓孩子擁有表達願望的機會，就可以在不否定孩子感受的情形下，和孩子的經驗建立連結。

當孩子最需要溝通時，會對冷漠回應特別敏感

瑪麗在參觀幼稚園時看到一個更極端的、非權變溝通的例子。

老師正在指導一小群學生，其他學生則在各自的座位上完成工作，有個小男孩在獨立完成工作時遇到困難，一番苦思後，他拿著紙去請老師幫忙。為了不打擾老師，他在旁邊靜靜地站著，希望老師注意到他。但是老師沒有理他，因為之前老師告訴學生要在自己的座位上完成，他卻擅自離開座位。但為了問問題，他主動跟老師說話，希望引起老師注意。

老師頭也不回地說：「安迪，你不（應該）在這兒。」

安迪覺得很困惑。過了一會兒，他用手輕碰老師的肩膀，重複他的問題。

老師這才轉頭看著安迪，說：「安迪——你不該在這兒！」老師仍堅守原則，對安迪的

溝通需求充耳不聞。

安迪轉身離開，失望地低下頭慢慢回座位坐下，漫不經心地在紙上畫了幾筆。安迪遭遇學習困難向老師求助，卻遭受很大的挫敗。他的內心有什麼感受？對任何人來說，當我們需要與人建立連結卻無法達成目的時，會產生強烈的情緒。對安迪來說，這種情緒就是羞愧感。

對一個五歲孩子來說，要努力理解「你不該在這兒」這句話，一定是非常令人困惑的事。他不僅無法和老師進行權變溝通，而且老師的回應也幾近「瘋狂」——她的話不僅否定了孩子的真實現況，也抹殺了她自己的行為！如果孩子真的「不在那兒」，她為什麼還能跟孩子說話？這就是老師的語言、行為跟安迪的溝通需求不協調的典型例子。

如果孩子因生命中重要成人的冷漠回應，未能滿足連結需求，就會感到疏離和孤獨。當孩子出現情緒，通常會需要與他人進行連結；在這種最需要連結的時刻，孩子對他人的冷漠回應也最敏感。

媽媽，妳怎麼了？

——不要告訴孩子「我很好」，讓孩子了解妳的真實感受

要理解他人，不僅需要語言，人們也常無意識地感受到非語言的訊息，而且這些訊息深深影響了我們對外界的感受。我們可以這樣理解，大腦右半球不僅可以發送和接收非語言訊號，而且在調節內在情緒狀態上也有主導作用。如何與他人適時地溝通，傳遞非語言訊號，對我們的大腦進行心理狀態的平衡調節影響深遠。

另一方面，大腦左半球擅長發送和接收語言訊息。也就是說，我們還會產生跟內在非語言感受明顯有別、以語言為基礎的思想。一個人右腦發出的訊號會影響另一人右腦的活動。大腦左側也是如此：對方大腦左半球的語言會啟動我們的左大腦。

如果他人發出的語言和非語言訊號是一致的，溝通就會有意義。

當父母心口不一時，會讓孩子感到困惑

如果語言和非語言訊號的溝通內容有差異——不相符——整體訊息就會模糊不清，令人困惑。換句話說，我們會在同時間接收兩種不同的、衝突的訊息。

比如，一位媽媽很傷心，她的女兒感受到這種非語言訊息，問道：「媽媽，妳怎麼了？是不是我做了什麼事讓妳難過嗎？」

媽媽勉強笑說：「親愛的，我沒事，一切都很好。」

這時，女兒會因媽媽矛盾的訊息而感到困惑：她明明感覺媽媽的心裡有事，但是媽媽的話卻傳達了截然不同的訊息。

當語言和非語言訊息不一致，而孩子想要釐清困惑以及不一致的溝通訊息，就會非常困難。我們可能從童年經驗裡學到情緒是「不好」的，因此難以適應孩子以及我們自身的情緒。如果我們能直接、簡潔且溫和地表達情緒，孩子就能從中獲益。

孩子不只想知道父母的想法，也想了解父母的感覺，所以當我們感到煩躁、生氣、沮喪、興奮、驕傲或高興時，可以讓孩子清楚知道。孩子需要知道我們也有情緒。

如果我們表達出內心的情緒，孩子就會知道我們在乎什麼，也會了解健康的情緒表達模式。孩子會透過觀察我們的情緒反應模式，而不只是我們說的話，來學會設身處地思考問題。我們可以用坦誠相待、充滿熱情的方式，尊重孩子和自己的感受。

當心口如一、溝通順暢，彼此的意識會從「我」擴大到「我們」！

我們的自我意識會透過權變溝通而變得明確清晰。我們的大腦是為了與他人建立連結而建構的，合作性溝通牽涉到我們與他人溝通語言（大腦左側）與非語言（大腦右側）訊息時，大腦左右兩側與他人的大腦兩側自動建立連結。

這種溝通不僅能讓我們感覺跟他人親近、相互連結，也會讓我們內心感到連貫順暢，處於平衡的狀態。我們如何歸屬於「我們」，會對彼此的「自我」意識造成深遠的影響。

合作性溝通

溝通過程	合作性溝通的路徑	重新連結的路徑
接收—處理—回應	探索—理解—融入	質問—評斷—修復

我們可能覺得有情緒「不好」，因此難以適應孩子以及我們自身的情緒。

如果我們能直接、簡潔且溫和地表達情緒，孩子就能從中獲益。

為什麼我不能和孩子好好溝通？
——尊重孩子和自己的感受、不評價孩子

我們要如何成為樂於從事合作性溝通的父母呢？為了與孩子以及他人清楚、明白地溝通，我們要接收對方發出的訊息，並做出處理和回應。

接收語言及非語言形式訊息是溝通的第一步。

語言訊息包括描述我們的觀點、想法以及內在感受的言語，以及能轉化成文字的任何實體，這些訊息來自大腦左半球。

非語言訊息包括眼神接觸、臉部表情、語氣、肢體動作、態度，以及回應的時機和強度，都由大腦右側接收和發送。通常在溝通過程中，能產生特定意義的情緒訊息主要都來自右腦半球。在溝通中密切關注非語言形式的訊息非常重要，人與人之間可以透過分享非語言訊息，建立緊密的連結。

訊息處理能讓我們理解所接收到的訊號，並適時做出回應。我們在處理過程中必須透過心智模式這層透鏡，去過濾對訊息的外在評價，而這種心智模式是由我們過去的生活經驗所形塑而成。這種內在的處理過程，影響了我們現在與人溝通時對訊息的理解方式，以及對未來生活的預期。

同時考量孩子和自己的感受，才是真正協調融洽的溝通

我們如何接收和處理這些訊息、賦予這些訊息什麼含義，以及我們與他人的溝通方式，都會影響我們如何回應對方。

如果我們傾聽孩子的訊息，就能更了解他們的心理狀態和想法。對孩子發出的訊號進行內在處理和分析，對於我們理解孩子非常重要。

內在處理過程中，我們也要考慮自己的內在感受。真正的合作性溝通需要雙方心理上的融合，亦即去尊重和理解自己及孩子內心的感受。

如果父母只顧及自己的感受，而不了解孩子內心的想法，在和孩子建立親密且有意義的關係時，就可能遭遇困難。

另一方面，如果父母只顧慮孩子的想法，卻忽視了自己內在的感受，就可能在設限上遇到困難，父母會對孩子的過分要求感到憤怒。如果父母未能考慮自己的內心，只想到孩子的需求和願望，則會感到惱怒和筋疲力盡，也會讓孩子因為缺乏清楚的界限而感到不安。

父母必須做出選擇，滿足孩子對愛和撫育的需求，同時建立經驗，把規範帶進複雜的親子互動關係中，才能成就一段健康良好的關係。

比如，一位母親要為來訪的朋友準備晚餐，這時五歲女兒走進廚房，想在流理台上畫畫。即使這位母親認同孩子極具創意的想法，也很欣賞她自己動手做的能力，但是她在這時候畫畫，會影響媽媽為客人準備晚餐。

如果這位媽媽讓孩子在流理台上畫畫，最後很可能對女兒發脾氣。直接說「不」會讓孩子感到挫敗，引發疏離感和爭執，而且也沒必要花費精力這麼做。她可以給予一個權變回應：「我知道妳喜歡畫畫，但是我忙著為朋友準備晚餐，如果我同意妳在廚房畫畫，等一下媽媽可能會發脾氣。」權變回應能讓這位媽媽在和孩子合作的過程中，與孩子建立連結，帶來母親和孩子都滿意的結果。

權變回應不是只像鏡子一樣，將他人發出的訊息進行準確複製後再反射給他人。這樣的反射可能格外令人沮喪。

「我快氣瘋了，我不能去公園了！」一位男孩對媽媽這麼說。媽媽反射性地回應：「你很生氣，所以你不能去公園。」但是這只會讓兒子摀起耳朵，跑出房間。

相反地，她可以做出這樣的權變回應：「我知道你今天很想去公園，我也希望我們能去，但令人失望的是，計畫得改變了。」

這種回應說明了，媽媽已經接收到孩子的訊息，也在理解孩子的心理狀態後處理這些訊息。她說話的方式顧慮到孩子的想法，以及自己的內在感受。

有目的性的回應只會讓孩子封閉內心溝通的管道

在非權變溝通中，我們可能會質問、評斷然後試著去改變某種狀況。質問是指用咄咄逼人的方式詢問他人，而且對他人的經歷已有定論，並且暗中尋求特定的反應。

舉例來說，你的十歲女兒比較害羞，到新學校後不善於交朋友。你或許會擔心她的人際關係，她一回到家，你立即問她與朋友相處方面的問題。比如：「今天妳有和同學一起玩嗎？」或者「吃午飯時，妳有沒有和其他女孩說話？」雖然妳的目的是在幫助女兒，但是用這麼尖銳的方式質問一個已經對社交生活感到緊張的孩子，會讓她感到更不舒服。

評斷是指判斷對方經歷中的「對或錯」。即使在溝通中我們努力接收對方的訊號，但我們對其不同的處事態度仍可能有所批判。有時候，這些評斷來自我們自己固著的心智模式，而且很多時候，我們可能沒有意識到內在的心智模式，以及由此而生的心理偏見。

舉例來說，你希望女兒更外向一些，但是她的表現不如人意，所以你會在你的問題或行為中流露出失望，也許是透過非語言的間接方式，或直接以語言表達出女兒的缺點。

「只要妳對朋友友善一點，我相信他們會更願意和妳玩。」或者「為什麼妳不能像妳的表妹蘇西一樣？她一向對人很友善。」這種評斷式的陳述，無法幫助孩子感受到父母的理解或支持，更不會提升自信。

如果你回應的目的是想立即改善某種狀況，便會失去在合作性溝通中與孩子建立連結的機會。況且，強行改正孩子的問題等於並不尊重他們的思考能力及解決問題的能力。當然，父母要幫助孩子學會解決問題，這是非常重要的。但是在我們了解孩子的內心之前，貿然地去解決他們的問題，對孩子來說是一種侵犯與不尊重。

上文提到的例子裡，倘若你未經女兒允許，邀了幾個女孩到家裡玩，那就是一種侵犯，也不會產生良好的作用。相反地，面對和接受女兒與他人的相處現況，才是處理問題的新途徑，這樣你會更理解女兒遭遇的困難，幫助她學習社交技巧，進而改善與同儕的關係。只有當你了解並接受女兒的個性，你才會知道如何幫助她鼓起勇氣與其他人接觸。有了你的體諒和理解，她才能變得更有安全感。而且你對她的支持，會讓她更有勇氣和力量面對世界，也更願意嘗試新事物。

所以不是試著改變孩子，而是要試著融入孩子。當你努力理解孩子的想法時，也要保持寬容的心。

你和孩子的溝通是交心，還是交談？

——融入內心比交換訊息更重要

覺察人際溝通的過程和內容，對形成連貫的自我認識很重要。但大多數情況下，我們常常把注意力放在交談內容上，而忽視了溝通過程。

然而我們在溝通過程中常會發現我們與他人互動的意義，而不只是內容而已。這意味著什麼呢？溝通是我們跟他人共同建立連結的一種過程，而不只是為了分享一些特定的訊息。這種動態的訊息流動、來回發送和接收訊息的方式，可以把我們相互連接起來。當我們進入溝通過程中——交換內在能量和資訊這些構成心智的重要元素——彼此之間也建立起連結。

如果父母有遺留或未解決的心理問題，常常會把這種包袱帶入親子相處當中。在溝通中，父母對孩子發出的訊號會因自己僵化的認識而帶有偏見，也會因為封閉不開放的心態而扭曲孩子的意思。如果父母把個人的觀點做為對世界唯一的認識，就如同關閉了開放性溝通的管道。

如果親子關係中欠缺協調與配合，孩子也會封閉溝通管道而難以接受新事物。如果我們和孩子在心理上缺乏連結，那麼親子之間極有可能不再產生具實質性或任何有幫助的溝通。到最後，父母和孩子都可能變得挫敗、惱怒，感受到彼此的疏遠和隔閡。

生活不僅反映出我們與人連結的過程，也反映了過去的經驗。原生家庭會形塑我們的童年記憶，也會影響我們如何記憶童年的點點滴滴，最終形成連貫一致的心智。我們或許不會自然而然地採取相互協調配合的權變溝通，因為它不屬於童年生活的一部分。但幸運的是，我們能夠「學會」傾聽孩子，也能覺察他們以及我們自己的想法。父母的溝通模式會形塑孩子心智的連貫性，因此覺察我們人際溝通的過程和內涵，對形成連貫的自我認知非常重要。

教養練習題

1. 想一想，你在童年時是否有過內心想法遭到拒絕的經驗。當時你的感受是什麼？那次經驗對你和父母之間的關係造成什麼影響？
2. 觀察一下別人是如何溝通的。首先，注意他們的用語以及正在描述的事情；其次，留意他們溝通時的語氣。溝通中的語言和非語言訊息是否相符？語言訊息和非語言訊息是如何相互配合？你對這種溝通有何感受？
3. 觀察他們的溝通管道沒有打開時的情形。你對他們之間的疏離有何看法？想一想你自己是如何與他人溝通，你會用什麼方式去質問、評斷或修復？你覺得自己童年時期與他人的溝通方式，對你現在與他人的相處帶來什麼影響？

孩子需要父母權變回應來刺激大腦連結！

以前人們認為，大腦在本質上是一套獨立存在於體內並發揮作用的構造。這種看法從一種孤立角度來審視大腦，但這個如此神祕的構造其實是相當值得人們持續研究的。

由於科技日新月異，現在我們能夠比較全面地認識大腦的功能。隨著人們逐一揭開這複雜器官的神祕特質，我們開始認識大腦之間的連結多麼錯綜複雜。

> 我們的大腦是為了與他人直接互動而建構出來的，這不是偶然，而是長期進化的結果，而且這種進化傾向依賴一個具有可塑性——會隨著經驗改變——且高度社會化的器官，讓我們能受到同伴的影響，又反過來影響我們的同伴。

我們可從前面所談的基本概念來理解大腦間的連結：心智是在一個大腦內部或兩個大腦之間的能量和訊息流動而生。

長久以來，針對嬰兒所做的研究已經發現，我們剛出生時，人際溝通的本質是調和的、互惠的、相互合作且權變性的，這是一種很重要且普遍存在的、把父母和嬰兒連結起來的作用過程。為了更了解關於此作用的具體過程，研究者特地設計出一些研究親子關係的方法。

崔佛頓（Colwyn Trevarthen）是一位原先接受腦科學訓練的研究心理學家，也是現今世界著名的嬰兒期研究者，他認為父母恰當的回應對嬰兒幸福感的形成非常重要。在「面無表情實驗」（still-face experiment）中，一位母親被告知要在嬰兒表現出溝通的意圖時，擺出面無表

情的樣子。嬰兒剛開始的反應是增強跟母親溝通的意圖，然後憤怒地表示抗議，變得焦躁不安，最後產生退縮反應。

研究者的解釋是，這說明孩子需要跟父母進行調和性的互動。但是崔佛頓認為這項實驗並未排除一種可能性，那就是孩子純粹只是需要正面的回應，不一定希望和父母產生調和性、權變性的互動。為了說明這個問題，以及為了弄清楚嬰兒早期（三個月到四個月大時）和父母的溝通中，哪些是不可或缺的因素，他和同事設計了一個名為「雙電視」（double television）的實驗。

孩子需要的不只是恰當的回應，更需要父母適時的連結

嬰兒多半喜歡盯著爸媽的臉看。想像有個封閉回路系統可以讓嬰兒盯著一台電視螢幕看，螢幕裡有媽媽的影像，然後有一面擺設角度很巧妙的鏡子，能讓攝影機恰好對準嬰兒的臉。換句話說，嬰兒在盯著電視螢幕裡媽媽的臉時，也不知不覺地看著攝影機的鏡頭。接著，攝影機會把嬰兒的影像傳送到線上另一台供媽媽觀看的螢幕，而那裡有著同樣的設置：媽媽在看著孩子的同時，也在看著攝影機，因此攝影機上的鏡頭同時把她的影像傳送給孩子。

實驗的第一階段是讓他們看著螢幕裡的影像進行即時互動。結果我們看到了與現實生活中面對面溝通幾乎一樣的情景：隨著情緒的高低起伏，母親和孩子分享非語言訊息，進行可依情況改變的交流互動。這種情緒上的調和現象顯示，互動的兩人透過非語言形式的情感表達，在內心狀態上取得協調。

實驗的第二階段則說明了權變互動的重要性。在這一階段，實驗人員把媽媽前一分鐘的

錄影畫面播給嬰兒看，看看孩子有何反應。此時嬰兒看到跟先前一樣的正向反應，但是有個不同之處：這些反應不再依情況改變，因為它們發生在前一分鐘。由於播放的是前一分鐘的影像，所以媽媽的情緒訊息仍然活躍且正向——但是它們已不再相應嬰兒此時發出的訊息。

你認為接下來會發生什麼事？

當媽媽沒有做出相應的臉部回應時，嬰兒出現和「無表情實驗」中同樣的反應：起初變得不高興，然後惱怒、煩躁，最後放棄互動。這項實驗清楚說明，嬰兒需要的不只是父母的正向回應，他們也需要那些連結能夠依情況改變。

在生活中，我們同樣需要這種權變性。我們的自我意識是建立在人際關係當中，權變溝通能讓我們在心理上感到連貫順暢，並在神經連結上產生一種核心自我，這種自我完整、充滿生氣，並且能在面對外界時充滿朝氣和活力。

破裂的溝通則會使這種權變互動停止。從根本上講，要修復這種情形必須重建權變性。一旦重新產生連結，兩人的內心狀態就會重新趨於一致，自我感受也會變得連貫。

依情況改變的回應方式才能促使神經連結，形成連貫性自我

跟生命中重要他人之間的溝通會形塑自我意識，並非全新的概念。早在一九二〇年代，俄羅斯的心理學家維高斯基（Lev Vygotsky）便寫道：「意念是一種內在對話。我們如何與自己對話，會受到他人與我們溝通方式的影響。」專門研究敘事如何成為定義自我重要特徵的學者們，也抱持類似觀點：我們透過與他人的人際關係建構我們的生命故事。兒童心理學家

丹尼爾．史登（Daniel Stern）則引用嬰兒成長的研究結果，具體詳述了親子間的溝通如何影響孩子在早年形成自我意識。

最近的腦科學研究指出，我們的大腦具有精細複雜的社會化特徵。演化生物學也讓我們認識到，大腦是一種社會化的身體器官。我們有心臟可以打出血液，有腎臟可以過濾血液，有胃可以消化食物，還有大腦負責整合我們的內在心理與外在世界。因為我們是集體演化的，因此要生存就必須讀懂他人發出的訊號。這種心理解讀過程不僅帶給我們訊息，也塑造了我們。

針對嬰兒「社會參照」（social referencing）過程所做的發展研究指出，在模糊不清的情況下，父母透過非語言的面部表情和肢體動作所呈現出來的情緒反應，對決定孩子的情緒反應和行為有重大影響。

最近還有其他腦科學研究，利用腦傷病人的資料來探索自我意識的產生，以及我們是如何變得有意識。神經學家安東尼歐．達馬吉歐（Antonio Damasio）曾就大腦特定區域如何產生自我意識發表論文。雖然他是針對個別病人及其神經問題進行研究，但我們仍可以藉此進一步理解大腦的連結性和社會化特徵。他的主要觀點是，大腦會透過神經作用產生核心自我，而且在形成過程中不斷受到外界刺激。溝通本身是一種可以改變自我的「刺激」，如果我們接受這個觀點，就可以想像權變溝通究竟是如何產生連貫的核心自我。我們認為，只有在能依情況做出反應的社交環境下，一個人才能透過神經連結作用產生連貫的自我。

這種觀點與維高斯基和史登的看法不謀而合，他們認為複雜的自我意識是建立在生活經驗的基礎之上。自傳式自我意識與人們所稱的「過去－現在－未來」這種形式的意識類似，這在安道爾．托爾文及其同事的著作中被稱為「心智時間旅行」（mental time travel）。我們時時刻刻能體會到各種事情帶給我們的影響，這稱之為初級意識，在很多研究人員的描述中也

稱為「此時此地」（here-and-now）的意識形式。

這些類似的觀點說明，自我意識是在一層層的神經回路中生成的，這些神經回路會把我們與外部動態世界的即時互動以及經驗的累積都嵌植進來，如同嵌植在各種形式的記憶中一樣。因為記憶本身是由回憶重新建構，也是透過新的或不斷變化的神經連結的產生而形成，所以自我意識在生活中仍然會不斷變化和發展。

這種連貫的自我意識形成，既需要我們「此時此地」的自我感受與他人的互動，也需要「心智時間旅行」，讓我們在這種內在心理與外在世界的動態變化以及互動中，形成「過去—現在—未來」連貫一致，且能夠反思的自傳式自我。

跟著孩子的左右腦發展，用孩子的步調和他溝通

人際關係至少需要兩種基本溝通形式：非語言和語言形式。一般來說，右腦擅長非語言、空間、情緒、社交，以及自傳式歷程這些資訊的處理，能讓我們在與他人的溝通中使用非語言訊號。人們在科學研究中發現一個有趣現象：右腦與調節情緒和動機的邊緣回路似乎連接得更緊密。從這一點來看，右腦與左腦思考模式的區別似乎應包括右腦情緒／邊緣回路處理模式，與左腦更抽象且理性的——有時被稱為「新皮質」型——思考模式之間的區別。

這種區別與教養孩子有著密切關係，原因如下：

・嬰兒出生的前一、兩年，基本上是受右腦支配。所以如何運用你的右腦，對於和孩子建立連結非常重要。

・學齡前的孩子，胼胝體（即連接左右腦的帶狀組織）尚未成熟。這個年齡的孩子很難用言語表達他們的感受。有時候，他們的右腦反應過於強烈，以至於大發脾氣，便是孩子難以用言語溝通的情形。因此，運用非語言形式的溝通，最能撫慰孩子的情緒。

・學校一般著重培養左腦思考能力甚於右腦思考能力。受這種教育長大的成人通常也會跟著增強這種對語言和邏輯思考的偏見。如果缺乏語言上的邏輯分析和說服，右腦思考模式也很難自我理解。因此，必須有人挺身為右腦說話！

記住，右腦的思考處理模式對自我調適、自我意識，以及與他人的情感連結是非常重要的。因此，要設法促進孩子的右腦發展，提升左右腦的協調性，對孩子發展韌性和幸福的自我非常重要。

CHAPTER 5

依附與互動

孩子迎向世界的安全堡壘

——你和孩子的依附關係是哪一種？

依附關係為孩子如何接觸這個世界奠定基礎，

小時候和父母形成健康的依附關係，

能為孩子提供安全堡壘，讓孩子學習認識自己和他人。

親子關係可以改變，依附關係也可以。

在孩子的生活中創造正面改變，永遠不嫌晚。

健康的親子依附關係，能讓孩子積極、正向面對生活

初生的嬰兒必須仰賴父母照顧以維持生命。通常是由母親擔負照顧之責，或者是充滿愛心、可以細心照顧嬰兒的人。他們餵養新生兒、撫育孩子，因此孩子和照顧者之間會發展出基本的依附關係。嬰兒與母親會經歷一種親密關係，讓嬰兒獲得安全感。對嬰兒來說，擁有一個能細心照料，能察覺、理解並回應他們需求的主要照顧者，會為他們帶來安全感。

從可預期及反覆的照顧經驗中所產生的幸福感，能創造出依附理論先驅約翰·鮑比（John Bowlby）所說的「安全堡壘」（secure base）。這種內在的安全感模式可以幫助孩子健康成長，積極地探索外在世界。在社會、情感以及認知領域等層面，安全型依附都與孩子的正向發展息息相關。

依附研究指出，親子關係相當重要，它會形塑孩子與其他孩子的互動關係、對探索外在世界的安全感、抗壓性、情緒調適能力、理解和分析生活並陳述連貫故事的能力，以及將來建立有意義的人際關係的能力。

依附關係為孩子如何接觸這個世界奠定基礎，小時候和父母形成健康的依附關係，能為孩子提供安全堡壘，讓孩子學習認識自己和他人。

信任、互相理解的依附關係，會給孩子正面力量

一個人的「性格」是由與生俱來的氣質特點（比如敏感、外向或喜怒無常）跟他與家人及同齡孩子的相處經驗相互影響而發展出來的。

基因對孩子的成長影響很大，包括神經系統固有的特徵，以及人們對他們的回應方式。此外，生活經驗會影響基因的啟動和大腦結構的塑造，也會直接影響孩子的成長。

這種先天與後天的爭論容易引發誤解，因為對孩子的健康成長來說，先天（基因）必須與後天（經驗）相互協調。正是基因和經驗的相互作用，形塑了現在的我們。

依附關係是影響孩子成長的其中一個重要面向。

嬰兒是最不成熟的動物子代之一，他們的大腦與成人大腦的複雜性相比，發育相當不成熟。而且人類擁有複雜的社會性：大腦的建構是以跟他人產生連結為目的，這種連結方式會形塑大腦的功能和發育。

正因如此，依附經驗在我們成長經驗中占有舉足輕重的地位。

有些人擔心的是，依附研究發現：**早年的生活決定了我們的命運**。

事實上，依附研究顯示親子關係可以改變，而且當親子關係改變，依附關係也會跟著改變。這意味著，在孩子的生活中創造正面改變，永遠不嫌晚。

研究還證實：讓孩子跟父母之外某個具有理解心、能讓孩子感到被理解、感到安全的人建立關係，會提供重要的復原力量，這種心理力量會根植於孩子的內心，隨著孩子不斷成長

而慢慢成形。

所以，與親戚、老師、照顧者以及心理諮商師建立關係，能為成長中的孩子提供重要的人際關係連結。這些關係不能取代孩子與主要照顧者的安全型依附，但它們是孩子心智發展的力量來源之一。

安全型依附

——良好依附關係會帶給孩子安全感

一般認為，安全型依附發生在孩子與父母或其他主要照顧者有一致性、調和性、權變性溝通的時候。可提供權變溝通的親子關係，尤其在孩子有情感需要的時候，會讓孩子一再地經驗到連結感、被理解和被保護。

要了解依附關係如何經由溝通而發生，方法之一就是檢視依附過程的「ＡＢＣ」要素：調和性、平衡性與連貫性。

依附過程的ＡＢＣ要素

依附過程的ＡＢＣ要素指的是調和性、平衡性與連貫性的發展順序。

要素	說明
調和性（Attunement）	讓你的內在狀態與孩子保持協調、同步共鳴。通常，你與孩子依據不同情況分享非語言訊息時（眼神接觸、語氣、態度等），能體現這一點。
平衡性（Balance）	孩子的身體、情緒以及心理狀態會透過你的陪伴、溝通、保持協調而達到身心平衡。
連貫性（Coherence）	孩子會透過跟你之間的關係，整合出一種能讓他們感到內在協調平衡，並且與他人產生連結的統合感。

如果父母一開始的反應是與孩子同調，孩子就感受到被父母理解且產生連結。和諧的溝通會使孩子建立內在的平衡感，幫助他靈活均衡地調適身體狀態、情緒以及心理狀態。這種和諧溝通的經驗和由此產生的平衡感，會使孩子在內心建立起連貫性。

依附是存在於大腦內部的先天系統，其不斷進化發展，讓孩子獲得更多的心理安全，使孩子得以：

(1)尋求親近（seek proximity）；

(2)在低潮時刻尋求父母的撫慰，視之為安全避風港（safe haven）；

(3)把與父母的關係內化成內在的安全堡壘（secure base）模式。

如果孩子在依附關係中，持續感受到與依附對象心理上的適時連結，就可以建立孩子的安全感，為孩子帶來內在的幸福感，並使孩子能夠積極地探索外在世界，和他人建立新的連結。

逃避型和矛盾型依附
——親子互動淡漠、缺乏情感

父母不見得都能帶給孩子連結感及安全感，讓孩子發展出安全型依附。若是父母對溝通方式做了很多調整，還是做不到，若是依附過程的ＡＢＣ元素出現得不夠穩定，那麼要讓孩子產生尋求親近、安全避風港以及安全堡壘的心理感受，就會有困難。這種最終形成的不安全依附，會被內化為孩子的內在歷程，直接影響孩子將來與他人的互動方式。

不安全依附有若干表現形式，而且是由不協調、非權變溝通的重複經驗產生而來。

如果父母經常無法陪伴孩子，或拒絕孩子正當的需求，孩子就可能產生逃避型依附（參見一八二頁）依附表現為：孩子會逃避與父母親近和建立情感連結，以適應父母的冷漠態度。在這種依附關係中，父母和孩子溝通時，常常語氣淡漠，缺乏情感。這種情況多半是父母從小就在情感淡漠的家庭中長大，不曾理解自己的成長經驗。雖然他們的依附需求得不到滿足，卻不得不適應這種家庭環境。

矛盾型依附（參見一八四頁）的孩子會覺得父母的溝通方式不一致，甚至受到侵擾，因此無法仰賴父母給予協調感和連結感。**如果孩子從父母那裡經歷到不一致的陪伴狀態和不可靠的溝通訊息，他們會發展出焦慮和不確定感，不知是否能信賴父母。因為他們不知道該**

期望什麼。這種矛盾會為親子關係帶來不安全感，且持續影響孩子日後的社交經驗。

在逃避型和矛盾型不安全依附中，孩子對自己跟父母之間的關係已經發展出一套有組織的模式，因為他們想要理解這些相處經驗，因為他們會盡全力去適應父母的世界。這種適應行為的強韌性，可以從孩子重現親子關係模式的方式中看出來。

我們如何適應原生家庭裡的初期依附關係，會使我們的心智統整出一個建立人際關係的特定模式，然後應用到家庭之外與他人的交往中。若沿用舊有的適應模式到新的情境中，例如與老師、朋友，以及日後的配偶互動時，可能會創造出更多相似的經驗又再次增強了我們舊有的適應模式。例如，我們更堅信，世界是一個冷漠的荒涼之地（逃避依附型）或者充滿不確定性的難以託付之地（矛盾依附型）。

紊亂型依附
——受虐的孩子容易產生情緒障礙與暴力傾向

如果孩子的依附需求經常得不到滿足，而父母的行為又常帶給他們迷惘和恐懼，孩子可能會形成紊亂型依附（參見一八六頁）。紊亂型依附的孩子在與父母相處時，會重複經驗到父母的行為是難以忍受、令人恐懼，而且混亂的。如果父母成了孩子生活中恐懼和困惑的來源，孩子會陷入生物性的矛盾狀態。

生物性的依附系統被建構成促使孩子尋求親近，在低潮時接近父母以尋求撫慰和保護，但在這種情形下，孩子會「卡住」（stuck），因為他們有股衝動想去接近那個正使自己試圖逃離的恐懼來源。這就是依附理論研究者瑪麗．梅恩（Mary Main）和艾瑞克．海斯（Erik Hesse）所稱的「無解的恐懼」（fright without solution）。對孩子來說，這是個無解的兩難困境，他們不能理解是怎麼回事，也無法發展出有組織的適應行為，孩子對這種依附系統唯一可能的反應就是混亂，毫無頭緒。

長期受父母虐待的孩子，出現紊亂型依附的機率相當高。

對孩子施虐無法跟給予安全感同時並存，它會破壞親子關係，並且藉由粉碎自我感，使孩子的心理陷入一種難以接受的情況。研究已證實，父母施虐會使孩子正在發育的大腦中，多個區域的神經統合過程受損。對紊亂型依附的孩子來說，神經統合受損可能是導致孩子難以調適情緒、出現社交障礙、在與推理思考相關的學科出現困難、產生人際暴力及解離傾向（正常的整合性認知變得支離破碎的一種心理現象）的一種機制。

即使孩子在生理上並未受虐，但若一直重複經驗到父母帶給他們的恐懼或迷惘，則在這種家庭中也可能出現紊亂型依附的孩子。當父母經常對孩子暴怒或父母本身有物質濫用的問題（最常見的是酗酒），就可能創造出一種會引發紊亂型依附的警戒狀態。這種在孩子內心引發混亂或恐懼狀態，驅使孩子想要從恐懼源頭尋求慰藉的矛盾現象，並無解決之道。而且這種混亂、毫無規律的親子相處經驗會損害孩子整合大腦功能的能力，讓他們難以調適情緒和因應壓力。

為什麼父母會這樣對待孩子？

研究證明，有未解決的心理創傷或失落經驗的父母，如果不能解決這些心理問題，極有可能做出讓孩子恐懼的行為，導致紊亂型依附。

心理創傷或失落經驗本身並不是讓你孩子心理混亂的主因，「沒有解決」才是關鍵。理解你過去的遭遇，去療癒過去的心理問題，永遠不嫌晚。這麼做，你和孩子都能從中獲益。

親子依附關係會影響溝通模式

如果父母知道依附關係如何影響孩子的成長，也了解溝通和行為模式會影響孩子形成安全型依附的能力，通常就會有改變動機。父母可以學習如何與孩子進行較為權變的溝通，並積極地為建立良好親子關係奠定基礎。思考下列幾種依附類型，或許有助於父母做出改變。

依附模式

依附類型	父母與孩子的互動模式
安全型依附	隨時能獲得情感支持，可以感受並給予回應
不安全—逃避型依附	情感不容易獲得，難以感受到，不能做出反應；拒絕
不安全—焦慮／矛盾型依附	溝通、感受和反應不具連貫性；具侵擾感
不安全—紊亂型依附	令人恐懼，感到驚嚇、迷惘的、驚恐的

以下是親子互動的四個案例，試以父親如何照顧四個月大的女兒，說明上表中不同的依附類型。

安全型依附

・狀況模擬

女兒肚子餓，哭了起來，爸爸聽到哭聲，放下手裡的報紙，走到嬰兒圍欄裡查看女兒。他輕輕地抱起她，看著她的眼睛，說：「怎麼了，小寶貝？妳想要爸爸陪妳一塊玩？噢，妳是不是要告訴我，妳餓了？」他把女兒抱進廚房，一邊準備奶瓶，一邊告訴孩子等會兒就可以喝牛奶了。他抱著女兒坐下來幫她餵奶。

・親子互動分析

女兒看著爸爸的臉，對溫熱的牛奶和爸爸溫馨的照顧感到安心。她的感覺良好。在這次互動中，爸爸感受到她不舒服的訊號，而且準確地理解訊號的含義，及時給予回應。

嬰兒從這次經驗，以及更多類似的與爸爸的權變溝通中，感受到她能被爸爸理解和被尊重，並且得到（準確的）回應。**她感覺被生命中重要的人理解，意義重大。孩子會對生活充滿信心：「如果我與外界溝通，外界將會找到讓我的需求獲得滿足的方式。」這樣一來，孩子也會慢慢形成安全型依附。**

逃避型依附

・狀況模擬

逃避型依附的孩子與父親的互動經驗完全不同。

她在嬰兒圍欄裡哭泣，爸爸一開始沒有注意。等她嚎啕大哭，爸爸抬起頭看了看，但等到把報紙文章看完才去看女兒。他對女兒打斷他看報紙感到生氣，站在嬰兒圍欄旁對女兒說：「嘿，什麼事大驚小怪？」他覺得女兒該換尿布了，於是抱起她去換尿布，也沒有與女兒溝通、對話。

換好後，爸爸繼續看報紙。然而女兒還是哭個不停，他想可能是要午睡了，於是把孩子放到嬰兒圍欄裡。

但女兒還在哭，他只好幫女兒蓋上毛毯，拿安撫奶嘴希望讓她安靜下來，接著他關上門，認為女兒可能需要一點時間安靜下來。

然而，女兒並沒有停止哭泣，此時距離她表達出對食物的需求已經過了四十五分鐘。「也許她餓了，」爸爸看了看手表，這才意識到距離孩子上次喝奶已經過了四個多小時。他準備好奶瓶坐下來餵孩子喝奶，孩子才安靜下來。

・親子互動分析

透過這次經驗，孩子知道爸爸不能時時理解她發出的訊號。首先，他聽到孩子的哭聲，不知所措；其次，他不明白孩子需要什麼，似乎無法覺察孩子釋放的微妙溝通訊號。最後，女兒的哭鬧持續很長一段時間，他才明白女兒的意思。

整體來說，如果經常出現這種溝通模式，孩子會認為爸爸不太能滿足她的需求，或不容易和她建立心理上的連結。

矛盾型依附

・狀況模擬

第三個小孩的父親做出的回應，正是矛盾型依附的成因。

當他聽到女兒的哭聲時，他有時知道該做什麼，有時卻表現得很焦躁，像是對安撫女兒沒有信心。他從看報的桌子前起身，表情苦惱地跑向女兒抱起她。他有點擔憂，突然想起工作上的煩心事。

上週糟透了，老闆說他的表現很不好，希望他對客戶果斷一點。這讓他想起，父親老是質疑他的能力，總在吃晚飯時，在母親和兩個哥哥面前數落他。每次父親責罵他，母親從不幫他說話，而且母親的焦慮感愈來愈強烈。等他被父親責罵，含淚躲進房間後，母親會走進房間對他說，父親是在管教他，他不該對父親大吼，要學會控制自己。母親看來心煩意亂，而她的焦慮讓他更緊張、更缺乏自信。他發誓以後絕不像父母那樣對待自己的孩子——他絕不做讓孩子傷心的事。

此時，女兒還在他懷裡哭。「孩子現在一定很傷心，」他自言自語。他憂心的表情和緊緊環繞的手臂沒能安撫女兒或給她安全感。她只是個嬰兒，無法知道爸爸的擔憂跟她肚子餓沒有任何關係。不過他很快意識到孩子餓了，便為女兒準備奶瓶。雖然看到女兒高興地喝奶，他很欣慰，卻又擔心萬一女兒等會兒又哭了，該怎麼安撫。

・親子互動分析

如果上述的經驗經常發生，會導致孩子形成焦慮／矛盾型依附。這種依附模式常常表現為，「我不確定爸爸能用任何可信賴的方式滿足我的需求。有時候他可以，有時候不行。這次他會怎麼做呢？」這種焦慮會讓孩子產生不確定感，覺得與他人連結是不可信任的。

紊亂型依附

・狀況模擬

第四個案例中，孩子與父親的互動和其他三個經驗模式非常相似，不同的是，她的父親容易暴怒。比如，女兒哭的時候，他會非常焦躁。女兒一哭，他甚至是跳起來，扔下手中的報紙，直奔孩子的圍欄旁，希望立刻阻止她令人煩躁的哭聲。他會粗魯地用力抱起孩子，緊抱不放。

一開始，爸爸來了，女兒感到安心，但是爸爸緊緊環繞的手臂讓她感到更多束縛，而不是安撫。於是她的哭聲更大，現在她又餓又不舒服。爸爸發現她哭鬧得更厲害，於是抱得更緊。他忽然想到女兒可能餓了，於是抱著她走進廚房，快速地為她準備牛奶。就在他快準備好的時候，奶瓶掉到地上，牛奶灑了一地。

女兒被奶瓶摔到地上的聲響嚇到，結果哭得更大聲。父親被自己的笨拙和女兒的哭鬧不休激怒了，也為了沒能好好安撫女兒而感到挫敗，他不知所措，倍感無助。

他的思緒開始飄移，童年時期被酗酒母親虐待的回憶，如潮水般一湧而上。他那時會哭叫著躲進桌子底下，避開母親的攻擊，而且身體變得緊繃，心跳加速，緊抱雙臂。

他會聽見媽媽摔破伏特加酒瓶的聲音，然後碎玻璃布滿他的四周。接著，媽媽會跪在玻璃碎片上，彎腰抓起他，任由碎玻璃劃破她的腿。她會憤怒地抓起他的頭髮，對著他大吼「以後不准再這樣了！」

此刻，女兒在他懷中呆望著前方，不停啜泣。聽到哭聲，爸爸意識到自己分心了，從恍惚中回歸現實，叫著女兒的名字，安慰她。孩子眼神呆滯，面無表情地把頭轉向爸爸，過一會兒才比較回神。他重新泡了牛奶餵孩子。她喝著奶，凝視爸爸的臉，又看向廚房地板。

剛才的經驗也震撼了父親，讓他有些失神。他們兩個都無法理解剛才發生的一切，這種經驗會慢慢形成他和女兒的混亂心理。

・親子互動分析

如果女兒每次哭鬧不安，父親就陷入恍惚，會對女兒的成長產生重大影響，最終導致女兒不能忍受和調適自己的激烈情緒。和父親之間的經驗使她認識到，激烈情緒是混亂且難以控制的。

父親過度情緒化的狀態也讓他們之間產生隔閡，而不理解自己的內心及外在世界。當女兒亟需和父親建立連結，父親卻陷入過去的情感創傷，女兒就會被遺忘在一旁。

而他傳達的非語言訊息：緊抱女兒、表情驚恐，會讓女兒更不安。這些經驗讓女兒感到迷惘，因為這為女兒帶來了恐懼；這與他在面對自己母親時所感受到的恐懼，以及自己無法撫慰女兒的恐懼是相似的。

這些互動經驗會造成孩子的紊亂型依附，將來很難面對和處理自己以及他人的激烈情緒。孩子也會認為人際關係是不可信賴的，以至於當他出現解離反應（像是思緒被過去的事件占據等）時，會覺得面對壓力特別力不從心。

如果父母知道依附關係會影響孩子的成長，

也了解**溝通和行為模式**會影響孩子形成安全型依附，就會有所改變。

為孩子建立良好適應模式

——親子關係可以改變，依附關係也會改變！

每種依附關係都會產生一套孩子必須回應的經驗。對有安全型依附的孩子來說，他們的適應彈性大，心理上的幸福感也會提升。而對逃避型依附和矛盾型依附孩子來說，適應模式可能會較缺乏彈性；紊亂型依附孩子經驗到的生物性矛盾反應，會讓孩子的反應毫無規律，缺乏彈性，也無法增進孩子的能力，讓他成長。

隨著時間過去，類似的經驗不斷重複，這些適應模式逐漸成為一種特有的親子相處模式。這種相處模式是調節情緒和親密關係的一種適應行為或模式，會影響孩子心智整合的內在歷程以及與他人的緊密關係。隨著孩子不斷成長，這種反應模式會持續影響他們的人際關係，而且在他們組織自己的家庭時，變得問題重重。

這些依附類型是由孩子和某個特定父母或照顧者之間關係來衡量的。由於孩子跟雙親的互動經驗可能不同，因此孩子可能和其中一人形成安全型依附，卻與另一人形成不安全型的依附。另外，依附關係可能在一生中發生變化。因此，如果親子關係隨著時間改變，孩子的依附也會跟著改變。

在孩子還小的時候，父母需要學習與孩子溝通、建立連結，並且與他們的心理調和，幫助孩子形成安全型依附，為孩子健康地成長發展奠定基礎。透過這種溝通產生「我們」的意識，是非常重要的。**有了安全型依附，孩子感受到與父母連結，可以提升孩子的安全感，也會對生活的世界產生歸屬感。**

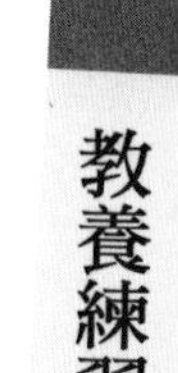

教養練習題

1. 想一想依附的三項基本要素：尋求親近、避風港以及安全堡壘。孩子想要親近你時，你是如何反應的？當孩子感到不安，需要安慰時，你又是如何表現的？孩子是否把你與他之間的關係內化為一種安全堡壘？你是怎麼幫助孩子獨立生活，探索外在世界？為了改善親子關係，強化孩子的安全依附，你會怎麼做？
2. 思考一下，在依附過程的ＡＢＣ要素中，哪一種表現形式出現在你與孩子的關係中。你認為在什麼情況下，ＡＢＣ要素會讓你實行起來很順暢？在撫養孩子的過程中，這些要素實行起來困難嗎？
3. 反思一下這四種依附類型：安全型、逃避型、矛盾型以及紊亂型。你與孩子的互動，表現出這四種依附模式的哪些特徵？你與孩子的溝通是否不只出現一種依附類型特徵？你是否覺得在某些特殊情形下，在你和孩子的互動中，權變溝通的一些特性被削弱了？你怎麼改善你與孩子的溝通品質？

基因、經驗、依附關係，決定了孩子能否快樂成長！

大腦結構和功能的發育受到基因和經驗相互作用的影響。下述的基本觀點，可以幫助我們理解基因、大腦發展以及經驗這三者之間的相互關係。

學齡前、小學突觸密度最高，青春期回路重組，由基因、經驗共同培養

在懷孕期間，胎兒每個細胞核中的基因，會藉由決定製造哪些蛋白質以及在何時和如何塑造身體結構而表達。在子宮內，胎兒大腦發育主要表現是：神經元會不斷生長，移動到頭骨中的合適區域，並開始建立相互連結，這些連結最終會形成複雜的大腦神經回路。

嬰兒出生後，大腦基礎結構已大致成形，但是相對於日後的大腦來看，目前神經元之間的相互連結還不夠成熟。在嬰兒出生後的前三年，大量增加的神經元連結會產生一套複雜的神經回路。

在這段成長期，基因的訊息影響了神經元之間的連接方式，也決定腦內神經回路的形成時間和特性。與此同時，由於內隱記憶的存在，我們得以認識這些突觸連結也受到經驗的影響。

可以幫助我們理解這種關係的是，大腦發展中「經驗期待」（experience-expectant）與「經驗依賴」（experience-dependent）這兩種發展模式的差別。在經驗期待發展模式裡，基因訊息決定神經連結的生長，而且需要藉由從環境中接觸最起碼的「可預期」刺激來維持。

舉例來說，視覺系統需要讓眼睛暴露在光線裡，保持眼睛的感光功能。若沒有這樣的暴露，已經形成或發展中的神經回路會停止生長，繼而萎縮、死亡。這就是大腦發展中「用進廢退」（use-it-or-lose-it）現象的一個例子。

相較之下，經驗依賴發展模式同樣涉及神經纖維的相互連結，但是這些神經纖維的生長是由經驗本身來啟動。新奇的經驗如跟某個特定照顧者的互動關係、把腳伸入冰冷池塘、在公園裡盪鞦韆、被自己的父親擁抱——這些都能透過經驗依賴的方式產生新的突觸連結。

有些研究人員不會做這麼清楚的區別，而是指出大腦發展的整體特點包括由基因決定的突觸大量生長、「活動依賴性」突觸發育，以及透過其他方式形塑大腦結構，比如髓鞘（能夠加快神經訊號傳導的速度）的生長和血液供應。按照這種觀點，神經結構受到基因和經驗等多種因素影響，並且共同決定了在神經元修剪過程中，已成形的神經連結是繼續生長，還是被削減清除。

大腦裡的神經突觸密度，即突觸連結的數量，在孩子學齡前以及小學階段一直很高，但是進入青春期後會經歷「修剪」（pruning）的過程（在現有的神經元連結中自然發生一種破壞作用，表現為切除以前大量相互連結的神經元中的某些回路）。

「修剪」是神經元成長中的正常過程，甚至發生在大腦發育早期，修剪程度的大小以及哪些回路被「修剪」，則由經驗和基因共同決定。但有時候會因生活經驗過度緊張（由大量壓力荷爾蒙持續釋放引起），而加深「修剪」程度。

針對青春期大腦變化所做的研究，正開始探索這種自然而廣泛的修剪作用會如何導致青

少年的大腦重構。以便解釋青春期孩子的行為和情緒變化。這種大腦重新建構現象，會使大腦的某些功能發生重要變化。這種重構過程也可能揭開孩子大腦結構中以前隱藏的一些脆弱構造，這些構造可能是基因遺傳，或是早期過度緊張的生活經驗而形成的。現在，這些脆弱構造不再只停留在大腦功能的變化上（比如過度緊張引起的神經元修剪）；也可能表現在孩子的行為或情緒障礙。

大腦不需要重度刺激，只需父母多和孩子正向互動，就能健康發育！

靈長類動物研究者史蒂芬・索米（Stephen Suomi）和同事透過恆河猴的研究，得出一項重要觀點：基因和經驗的相互作用影響了大腦發展。此研究證實，幼猴在沒有母猴的照顧下（即由同伴照料長大）會出現異常行為，尤其是幼猴還帶有某種特定基因的話。

相反地，如果帶有此基因的幼猴能受到母猴的照顧，有種「母性緩衝作用」（maternal buffer）就會使這種基因不表現出來，最終幼猴的行為就是正常的。

如果缺乏母猴照料，母性緩衝作用無法體現出來，就會啟動這種特定基因，進而產生負面作用，比如影響血清素代謝，導致其社會行為脫序。

此研究以及其他類似研究中的關鍵資訊是，後天經驗直接影響了基因如何表現，或甚至是否會被表現出來。如果先天帶有某種不健康的基因，又缺乏適當照顧就會啟動這種基因。顯然，我們需要重新認識「先天與後天」的爭論，才能接受這項觀點：基因和經驗的相互作用影響了我們的成長。

對父母而言，這些研究透露的關鍵訊息是：在基因層面上，大腦以準備好接受正常、健康的發展為目的。許多神經連結會形成，讓孩子敞開心胸接受愛，積極地與他人來往。

因此，父母沒有必要為孩子提供過多感官刺激，甚至擔心如何把孩子的每一個神經元連接到正確位置！大腦並不需要過度感官刺激，而是要讓孩子和照顧者進行良好、正向的互動，才能讓大腦發育更健全，在分享互動中得到調節，而這正是安全型依附的重要特徵之一。

依附過程的「調和性、平衡性和連貫性」，也同步影響大腦及生理狀態

談到人類方面的研究，依附理論和神經科學的研究長久以來幾乎各自獨立。針對哺乳類動物如靈長類動物（猴、黑猩猩）以及鼠所做的研究，已經深入分析了母親－幼仔經驗及其影響。當我們把發展與認知神經學的研究，跟動物和人類依附研究的獨立發現結合起來，就會得出一個關於人類發展的令人振奮的觀點。

這個觀點提到嬰兒和兒童與照顧者之間的依附關係會形成一套經驗模式，而這套經驗模式必須具備依附過程的ＡＢＣ要素：調和性、平衡性和連貫性。

調和性是指父母與孩子的心理狀態達到某種一致性。要做到這一點，往往需要非語言訊號（眼神接觸、面部表情、語氣、態度、肢體語言，以及回應時機和強度）的溝通和整合。這種非語言的共鳴，可能涉及兩人的右腦在協調非語言訊息的連結過程。

平衡性是指父母的實際陪伴與協調溝通，能為孩子尚在發育的不成熟大腦提供調節功能。在此過程中，和諧且權變性的溝通會為孩子提供外在的連結過程，讓孩子達成內在的平衡狀態。這種平衡狀態牽涉到睡眠週期、壓力反應、心率、消化以及呼吸等調節過程。

發展神經科學家邁倫．霍夫（Myron Hofer）把這些稱為「隱藏的調節器」（hidden

regulators），他認為母親的存在能透過這些調節器，讓孩子達成基本的生理平衡。母親的長期缺席會消除這些隱藏的調節器，並且讓孩子相當稚嫩的大腦暴露在未經調節、無力抗拒的壓力之中。研究還證實，長期的壓力會對動物的生理調節能力產生深遠的負面影響。

> 連貫性是以父母為媒介的生理調節達到平衡後的結果，具體表現為，大腦能夠有彈性且穩定地適應外在環境的變化。大腦協調性良好、調適功能正常可以產生一種連貫性、適應性的心智狀態。這一點已經獲得依附研究的支持。研究發現，安全型依附能產生連貫性的心理狀態，不安全依附則會產生多種不連貫的心理狀態。

不連貫的心理狀態常見於兒童受虐與忽略的極端例子裡。近來有關兒童受虐與忽略的研究發現，施虐會對兒童發育期的大腦造成毀滅性破壞，導致孩子的大腦體積偏小，胼胝體（連接大腦左右兩側）生長緩慢，小腦中負責分泌GABA（gamma胺基丁酸，抑制性神經傳導物質）的纖維生長受損，而這些GABA通常具有平撫邊緣系統興奮情緒的功能。最近針對兒童受虐與忽略所進行的大腦影像研究中，都可以發現這些損害。

造成這些損害的可能原因是，心理創傷經驗導致這些孩子的大腦釋放過多的壓力荷爾蒙。這種激素對神經元具有毒性，會損害其生長，並殺死健康細胞。

雖然我們了解大腦裡會產生這些生理反應，卻不知道日後正面的生活經驗是否可以幫助我們克服這些負面影響；即使我們了解，人可以經由後天的人際關係，從過去的受虐遭遇中復原，但是我們並不清楚在這些心理問題的療癒過程中，過去受損的腦是否恢復了，或者是否發展出其他替代性的神經回路。

綜觀這些研究結果，不難推論：父母的行為至關重大。毫無疑問，自然天賦需要後天教

養（nature needs nurture）：在後天經驗中，親子互動模式可以為孩子的大腦正常發育奠定基礎，對孩子的心智成長產生正面效應，為親子間建立安全型依附模式發揮穩固根基的作用。

改變照顧的方式，心理不健全的孩子也能轉為健全！

依附研究的歷史久遠且豐富。約翰・鮑比（1907-1990）是一名英國內科醫生及精神分析學者，他認為親子共同的生活經驗，對於孩子的內在幸福感有著非常重要的作用，這種幸福感他稱之為「安全堡壘」。鮑比的觀點影響了醫院和孤兒院對孩子的照料方式，促使他們取消以往的輪替照顧模式（為了避免孩子不得不離開機構時，出現分離焦慮），而為孩子指派一位「主要照顧者」，這樣照顧者才能更了解孩子，和孩子形成依附關係。在照顧方式的改變下，那些孩子也從毫無希望轉為成長茁壯。

安斯渥（Mary Ainsworth,1913-1999）是加拿大心理學家，也是鮑比的同事。她發明一種特別的研究方法，驗證她和同事所持的觀點。安斯渥的突破性研究讓她建立、歸納出三種依附類型：安全型、不安全逃避型、不安全焦慮／矛盾型。她設計了一個名為「嬰兒陌生情境」（infant strange situation）的測驗，此為測試一歲孩子與其照顧者之間依附關係的黃金準則。

在實驗場景裡，一名嬰兒被帶到房間裡，房間裡有一些玩具，一個陌生人和一面雙向鏡（用來觀察房間裡發生的事）。實驗過程中，先把嬰兒和陌生人一起留在房間；然後嬰兒的媽媽返回；接著，媽媽和陌生人都離開三分鐘後，媽媽再回來。在此過程中，專業人士會對媽媽返回時，孩子與媽媽的互動行為進行測驗。在試驗中，最有用的資料是媽媽返回時，孩子的重聚行為。

在短暫分離中，安全型依附的孩子可能會顯得煩躁，但是在媽媽返回時他們會尋求親

近，並能很快得到撫慰，又回到玩耍和探索中。

逃避型依附的嬰兒表現是，好像媽媽從沒離開過房間，仍自顧自地玩玩具，對媽媽回來視而不見。他們的外在行為好像在說，「我看不出我們過去的互動有什麼用，所以現在跟你親近，對我又有什麼好處？」然而，生理壓力測試證明，他們其實注意到媽媽回來了。

焦慮／矛盾型依附的孩子在媽媽回來後，會急切地尋求親近，但是他們不容易被撫慰，也不容易重回玩樂環境中。他們會一直纏著父母，似乎對父母的撫慰和保護能力充滿懷疑和不確定。

安斯渥的研究證實，經由直接觀察嬰兒出生後頭一年與父母的關係，研究人員能準確地預測「嬰兒陌生情境」的實驗結果。

一般而言，對孩子發出的訊號比較敏感的父母，能讓孩子對自己形成安全型依附。粗心或常常拒絕孩子的父母，會讓孩子形成逃避型依附；而不容易親近或有侵犯性的父母，則會使孩子形成焦慮／矛盾型依附。

孩子小時候長期且穩定的依附關係，長大後仍受其影響

自從「嬰兒陌生情境」研究發現親子溝通模式與一歲嬰兒的行為之間具有相關性之後，一些研究人員開始對孩子進行長期的追蹤研究。艾倫．索洛夫（Alan Sroufe）和他在明尼蘇達大學的同事執行了一項追蹤時間最長的研究計畫，並且找到一些絕佳的方式，利用早期的依附模式來預測孩子日後的成長狀況。他們應用了獨創性的方法，比如，把研究者帶到孩子的教室或者夏令營，觀察孩子如何與他人溝通，同儕如何看待孩子，以及孩子與家庭以外的成

人如何溝通。

儘管在孩子的生活中，如果重要的人際關係有所改變，早期形成的依附模式也會改變，但是長期穩定的依附關係與孩子成長的各個層面都有相關性：

安全型依附的嬰兒長大後具有領導力；逃避型依附的孩子以後可能會受同儕冷落；矛盾型依附的嬰兒長大後，則會充滿了焦慮和不確定；而紊亂型依附的孩子在與他人交往及情緒調適上，會出現重大障礙。

瑪麗．梅恩和她在加州大學柏克萊分校的同事，也對依附研究的貢獻卓越，讓我們進一步地認識和思考依附關係。他們在安斯渥的研究基礎上，定義了第四種依附類型：紊亂型。在「嬰兒陌生情境」測驗裡，當媽媽返回時，這些嬰兒的行為表現充滿了混亂和迷惘。

瑪麗．梅恩和她的同事及丈夫艾瑞克．海斯提出，父母的恐懼或迷惘行為，會產生一種警戒狀態或「無解的恐懼」，這種心理狀態是孩子出現異常、焦躁反應的來源。

瑪麗及其同事的研究結果，也使我們對依附關係的理解延伸到成人的「與依附相關的心理狀態」，讓我們理解為什麼父母對待孩子的行為不同會導致孩子產生不同的依附類型。事實上，梅恩的研究以及許多受她啟發的研究都已證實，成人在依附關係中所產生的心理狀態是預測孩子依附類型最有力的工具。

當孩子需要你時，你的回應會影響孩子一輩子！

父母回應孩子的模式	孩子接收到的訊息	孩子的反應
1.父母對孩子的需求敏感，及時以眼神、表情、肢體……回應孩子。	孩子隨時能獲得父母的關注、感受到父母的情感支持。	**安全型依附** →孩子因感受被父母理解，並能建立親密情感連結而感到幸福，積極地和他人互動、探索外在世界。 →以後具有領導力。
2.父母常粗心忽視孩子的需求、語氣淡漠、缺乏情感；或無法經常陪伴孩子；或常拒絕孩子正當的需求。	孩子不容易獲得或難以感受到父母的情感回應。	**逃避型依附** →孩子容易冷漠，會逃避和父母親近、建立親密的情感連結。 →容易受同儕冷落。
3.父母和孩子溝通的方式前後不一或兩人不一致，且有時會回應孩子、有時不回應。	孩子獲得父母回應的狀態時斷時續，感覺父母有時可靠有時不可靠……	**矛盾型依附** →孩子會急切纏著父母尋求親近，卻又對父母的撫慰、保護充滿懷疑、不信任。 →容易焦慮、不確定。
4.父母時常不回應孩子，若回應也是暴怒狀態，帶給孩子的是迷惘和恐懼。	孩子生性想尋求父母的回應，但又害怕父母的回應，處於兩難的狀態……	**紊亂型依附** →孩子容易迷惘、毫無頭緒，難以處理壓力、自己及他人的激烈情緒。 →容易產生情緒障礙。

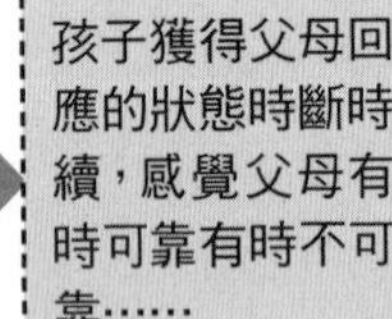

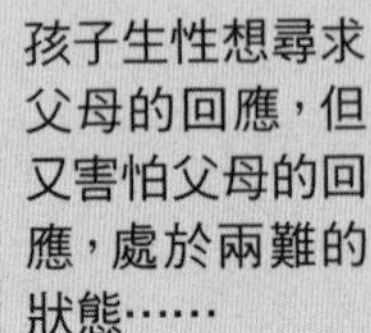
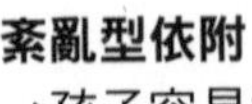
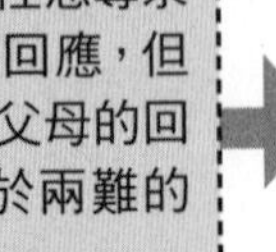

父母的反應表現，和過去的童年經驗息息相關。
→透過反思覺察，可以讓自己和孩子變得更好！（參見第六章）

CHAPTER 6

反思與改變

找出自己的問題，才能改變孩子

——解讀生活，找出成人自己的依附關係

反思你的童年經驗，可以幫助你理解生活。

童年不能改變，但深層的自我了解能夠改變你，

讓你更全面地理解他人，重新選擇自己的行為模式。

這些改變也會影響你和孩子的相處及溝通方式，最後促使孩子形成安全的依附。

愈理解自己的生活，和孩子間的依附關係愈健康！

孩子是父母生命故事中的重要篇章。每一代都會受到上一代影響，並且影響後代。儘管我們的父母依本身情況已經盡了最大努力，但我們可能並沒有得到我們希望傳承給下一代的早期親子經驗。

和家人或他人建立正面的關係，是我們復原力中重要的核心，幫我們度過過去艱困時期的風雨。幸運的是，即使童年遭遇不幸的人，也可能在童年時期建立一些正面的關係，提供力量來源來克服早年的逆境。

我們並非注定得重複父母的模式或自己以往的模式。理解我們的人生，可以幫助我們建立正向經驗，跨越過去的局限，為自己和孩子創造新的生活模式。解讀我們的人生，有助於建立良好親子關係，提升孩子的幸福感，幫助孩子建立內在的安全感、復原力以及與他人相處的能力，進而在未來與他人建立有意義、相互關懷的社會關係。

我們如何理解生活、如何清楚地敘述早年的生活經驗，是預測孩子將來和我們建立何種依附模式的最佳指標。**能充分理解自己人生的父母親，會建立起成人安全型依附，也較可能跟孩子形成安全型依附關係。**因此，使孩子有能力建立安全型依附關係，會為他們將來的健康發展奠定堅實的基礎。

兒子出生後，才發現父親對我的影響有多深？——確實地反思自我，讓自己和孩子變得更好！

反思你的童年經驗可以幫助你了解人生。但是既然童年不能改變，為何反思會有幫助？深層的自我了解能夠改變你，讓你更充分地了解他人，讓你有機會選擇自己的行為，並且敞開心胸體驗更豐富的人生經驗。這些伴隨自我理解而來的改變，能讓你跟孩子建立起一種相處及溝通方式，促進孩子們依附關係上的安全感。

隨著不斷成長，我們的人生故事可能會演化。這種把過去、現在和未來統整起來的能力，會讓我們更清楚地認識自我。這個過程與發展成人安全型依附有密切的關係。

此外，在成長過程中，依附狀態是可能改變的。研究顯示，一個人能從不安全的童年依附狀態轉變為安全的成年依附狀態。這些研究檢視了一種被稱為「習得安全感」（earned-security）的狀態，此狀態對我們理解個體連貫性運作（coherent functioning）以及依附狀態改變的可能性，具有重要意義。

有「習得安全感」的人，也許在童年時期和父母的關係是有問題的，但是長大成人後，他們逐漸理解童年經驗以及這些經驗對成長過程的影響。

不管是人際關係還是治療關係，似乎都能幫助個人從不連貫（不安全）的心智運作狀態發展成較為連貫（安全）的心智運作狀態。這些關係能協助我們療癒舊傷，讓我們將防衛心態轉為親密，藉由這些關係逐漸成長。

以下是一位本身及其四歲兒子都發展出安全型依附的母親，在陳述有關童年的連貫性故事。

「我的父母都很關心我，但是我的父親有躁鬱病症，這讓我和妹妹們的成長過程不太順利。不過母親明白父親的情緒起伏會讓我害怕，這對我有很大幫助。她能體會我的感受，並且盡全力讓我感到安全。雖然當時我以為這種恐懼是很正常的，但它還是非常可怕。如今回想起來，才了解父親是如何影響我童年時期的成長，甚至持續到我二十多歲。

我的孩子出生後，父親的病情獲得控制。直到此時，我才意識到父親的病情影響了我和兒子的相處模式。

剛開始，只要孩子吵鬧，我就會手足無措；因為別人情緒失控，會讓我感到恐懼。我必須盡力釐清為什麼我會這麼慌張，我必須認真地自我分析才能成為更好的父母。當我對孩子不再過度反應時，我和兒子的相處更好了。

現在，我成為一個很好的母親，甚至和父親的關係也改善了。過去我們的關係非常糟糕，然而現在我們相處融洽。父親雖不像母親那樣通情達理和寬容，但是他盡力了，因此我尊重他。」

這位母親在成長過程中遭遇困難，但她仔細地去理解這些痛苦的經驗。她了解童年時期和父母的關係（包括好壞兩種關係），對她的成長以及身為人母的角色產生影響。當她持續理解自己的人生經驗，她也愈來愈能坦然接受自己和家人之間的關係。對她的孩子來說，這非常幸運，因為她在成年期習得了、獲得了安全感，也找到恰當的方式撫養孩子，讓孩子感受到自己的生命力，也有助於孩子與外界建立連結。

教養關係會幫助我們認識自己，並發展出安全依附關係中更具反思性、統整性的運作模式，促使我們成長。因此，變得更好的希望一直都在，改變的可能性也一直存在。

教養關係會幫助我們認識自己，

並發展出安全依附關係中更具反思性、統整性的運作模式，促使我們成長。

釐清自己的依附情結，才能和孩子建立安全的依附關係

每個人如何敘述自己的人生經驗，可以反映出他看待「依附」關係的心態或立場，也會影響我們和他人的關係。研究發現，親子之間的相處及溝通方式與成人的依附心態有關，孩子會因而與父母形成安全（或不安全）的依附關係。

依附理論研究者瑪麗・梅恩和其同事認為，**父母童年時期的成長經驗左右了他們將來對待孩子的行為模式**。他們發展出一套名為「成人依附訪談」（Adult Attachment Interview）的研究工具。在訪談中，研究者要求父母們回憶自己的童年經驗。結果顯示，父母們解讀自己童年經驗的方式，如同他們向訪談者敘述人生故事時所透露出來的一樣，是預測孩子的安全型依附最有力的特徵。下表說明了孩子和成人依附模式間的對應分類。

成人和孩子依附模式的對應分類

成人依附類型	孩子發展出的依附類型
安全（自由或自主）型依附	安全型依附
排拒型依附	逃避型依附

焦慮型或糾結型依附	矛盾型依附
未解決型／紊亂型（創傷或情感失落）依附	紊亂型依附

從父母如何向其他成人敘述自己早年的生命故事，可以看出他們的「成人依附類型」。也就是說，成人之間的溝通會反映出父母對自身的理解，而不是從成人如何描述自己的孩子裡表現出來的。而且，揭示他們的依附心理特徵的是敘述的方式，而不僅是內容。正如上表所示，父母敘述自己人生經驗的方式與孩子對他們的依附類型密切相關。長期的研究進一步發現，成人的敘述方式與他們童年時期的依附類型也有對應關係。

當你看到這些依附類型時，不要把自己固定歸類在某個特定類型裡。擁有多種依附類型的某些特徵很正常，孩子通常會對生命中的不同成年人產生不同的依附模式。**我們可以做的是，依據這些依附類型所透露相關的資訊，加深對自我的理解和認識，才能促使孩子形成安全依附的情感。**

成人安全型（自由或自主型）依附

——反思你的童年經驗，兒時的依附關係可以改變！

自主或自由的心智狀態，通常會在擁有安全型依附子女的成人身上看到。這些成人的「陳述」特徵是，在談到跟依附相關的話題時表現出對人際關係的重視，而且較具彈性及客觀性。他們會把自己的過去、現在以及可預期的未來結合起來，而這些連貫性陳述反映出一個人如何理解自己的人生經驗。一項從嬰兒追蹤到成年的研究指出，當個人在兒時擁有安全型依附關係，會發展出這種陳述模式。

而「習得安全型成人依附」者的陳述雖然也具有連貫性，但是他們在童年時期的依附關係則曾出現問題。習得安全型依附反映出一個成人如何逐漸理解自己的童年生活，本章前面提到的那個有位躁鬱症父親的女士，就說明了一個擁有習得安全型依附的父母親，會如何陳述自己的經驗。

成人排拒型依附

——對自己、生活缺乏感受力的父母，會忽視孩子，造成孩子「逃避型依附」

童年生活中和父母缺乏情感溝通的成人，會出現排拒型依附情況。當他們為人父母後，孩子和他們的關係常出現逃避型依附特徵。

這類父母對孩子釋放出的訊息不夠敏感，他們的內心世界似乎以獨立運作為特徵：難以建立親密關係，甚至對自身的情感訊號也不予理會。他們對自己的人生敘述反映出這種隔閡，他們常堅稱無法回憶童年的經驗，在生活中好像感受不到他人或過去的經驗對自己的成長有任何幫助。

有種看法是，這類型的人在日常生活中多半以左腦思考模式處理事情，與他人互動時更

是如此。儘管這種思考機制嚴重弱化了人際關係的重要性，但有些研究指出，**這類孩子和父母的身體反應顯示，他們潛意識裡仍然很重視生命中的其他人。只不過他們的行為和具意識的思考似乎藉由對依附和親密行為採取逃避和排拒的態度，以適應冷漠的家庭環境。**

一位逃避型依附孩子的母親如此反思自己的童年經驗：

「我的父母都住在家裡（而不是常年在外），他們創造了一個非常適合孩子成長的居所。我們參加很多活動，我獲得很多豐富的經驗，這是任何一個來自良好家庭的孩子所期待的。在家庭教育上，父母常告訴我們什麼是對、什麼是錯，並且教導我們怎麼樣才能成功。他們是怎麼做的，我記不清楚，但我知道它整體來說是個美好的童年，從好的一面來看，我的童年很正常，大概就是這樣。是的，我的童年生活很美好。」

注意！雖然這位母親以連貫、合乎邏輯的方式敘述她的人生故事，並且概括認為那是一段「美好童年」，但她並未從回憶中提出更多細節，更充分、具連貫性地證明這些看法。連貫性的陳述、理解人生，牽涉到更全面、發自內心的反思過程。舉例來說，「在家庭教育上，父母常告訴我們什麼是對、什麼是錯，並且教導我們怎麼樣才能成功」這段敘述並沒有體現出個人成長經驗的自傳式感受（autobiographical sense）。

連貫性的敘述可能會包含這樣的反思。

「媽媽確實很努力地教我什麼是對、什麼是錯，但我不太聽話，常常惹她生氣。有一天，我摘了鄰居家的花送給她，她告訴我這種想法很好，但是未經允許，拿別人家的東西是不對的。當我們不得不把花還給鄰居，並且帶個盆栽向他們賠罪時，我感到非常難過。」

然而這位母親的反思，弱化了她情感的脆弱性以及對他人的依賴性。她在分享故事時，很多用語都是單方面敘述她個人的看法，而沒有將回憶、情感、相關性統合起來，也缺乏一種把過去、現在以及對未來可能造成的影響連結起來的過程。

成人焦慮型依附

——兒時過度依賴又敏感的父母，容易焦慮、缺乏信任感，造成孩子「矛盾型依附」

小時候從照顧者身上得到的陪伴時間、覺察性及回應不一致的成年人，通常會發展出焦慮型依附，也就是內心充滿了焦慮、不確定和矛盾。焦慮型依附父母的焦慮狀態可能會阻礙他們，感受孩子發出的訊號，或者準確體會孩子的需求，孩子對他們的依附關係也常會是矛盾型依附。

這類父母在「信賴他人」上充滿了懷疑和恐懼。他們的人生故事經常透露出過去未解決的問題持續影響至今，也導致敘述偏離了眼前的主題。**受到這些遺留問題的干擾，他們無法秉持正念，應變能力也削弱了**。這些侵擾現象所造成的不連貫性，可以解釋成右腦思考模式淹沒了左腦用邏輯去理解過去經驗的意圖。

一位矛盾型依附孩子的父親，這樣敘述他的童年經驗：

「我的童年成長經驗？完全不是這麼一回事！以前我和兩個哥哥感情很好，雖然不算太親近，但也夠親近，我們時常玩在一起。有時候哥哥們會很粗魯，我也是，這不是問題，但我母親認為是。甚至這個週末，我猜應該是母親節那天，她說我們對孩子太粗魯。我的意思是，她說我對我兒子太粗魯。

但是，在我小時候，她從來不說我的兩個哥哥粗魯。我是說，她容忍兩個哥哥把我扭倒，但從不說他們，只會一直說我。但我不在乎，那再也不會困擾我了。也許會，但是我不會再讓這種事發生。我應該這樣做嗎？」

從這位父親的回答可以看出，過去發生的事情嚴重影響他連貫反思自己人生的能力。他把過去發生的事與最近這個週末混在一起，再回到他的童年，又回到現在。

直到現在，他還沉浸在童年不愉快的經驗中。這種心理包袱很可能會阻礙他和孩子建立良好的關係。例如，如果他的兒子尋求母親的注意，讓他受到冷落，不公平感就會一湧而上，就像小時候母親偏袒哥哥帶給他的感受一樣。如果這位父親不能清楚認知和解決這些問題，很可能會跟孩子在情感互動上發生障礙。

成人未解決型依附

——過去一團糟的父母容易教出「紊亂型依附」孩子

父母未解決的心理創傷或失落，往往跟最令人擔憂的兒童依附類型——紊亂性依附有所關聯。

這類父母的情緒會突然轉變，讓孩子感到驚慌失措。這類行為包括在孩子哭鬧不安時呈現發呆狀態、如果孩子在走道上蹦蹦跳跳，歌唱得「太大聲」，他們就會暴怒並喝斥孩子、或者在孩子要求多講一個床邊故事時，動手打小孩。

這些未解決的創傷到底為什麼會讓父母做出如此令人恐懼和混亂的行為？未解決的心理創傷會阻礙大腦的訊息流動，以及破壞個人獲得情感平衡、維持與他人連結的能力，這種損害稱為失調（dysregulation）。這類資訊和能量流動突然變化的情況可能發生在個人內或者人我之間。比如，情感容易陷入低潮，情緒無預警地發生變化，或因態度突然改變而對事物有偏見。他們難以對變化做出反應，使他們處理事情上很沒彈性。

這些內在歷程會直接影響人際間的互動，父母因為未撫平的創傷所引發的情緒轉變，會讓孩子陷入驚慌的狀態。若是父母不但沒有適時和孩子溝通，而又做出可怕的行為，很可能引發孩子產生「無法消除的恐懼」。這樣一來，孩子會經驗到突然消失的正向事件以及突然出現的負面事件。

這種失調的內在歷程會在成人的自我反思中以何種面貌呈現呢？也許是在談論到創傷或

失落問題時，會感到混亂且不知所措。一般認為，這種破壞故事連貫性的暫時失去理智現象，透露出陳述者所提到的問題還沒有解決。紊亂型依附的孩子很可能會陷入過去一團糟的父母所遺留下來的混亂當中。

以下是一位母親對於童年是否感受到威脅這個問題的反思：

「我不認為我小時候感受到威脅。這倒不是說我不會感到恐懼。有時候，我的父親會喝醉酒回家，但是我的母親才最愛發牢騷。

她老是強迫別人要信任她，但是她會怪罪我那喝醉酒的父親，都是因為這樣才讓她變得這麼凶。我的意思是，她一直努力當個好母親，卻像被魔鬼附身似的。她會突然變臉，讓你不知道該信任誰。她看來很奇怪，好像既憤怒又恐懼，整張臉扭曲不堪，眼神看來咄咄逼人。有時，她會哭上好幾天。現在，我眼前還會浮現她哭泣的臉，倒不是說有那麼令人不安，但確實如此。」

從這位母親還是個孩子，面對她媽媽突然暴怒或傷心的表情開始，她的心智或許已經準備在日後產生這種強烈的情緒。

這種心理變化的過程可能與鏡像神經元系統有關，鏡像神經元系統會使我們產生一種情緒狀態，就和我們在他人身上感受到的類似。

父母混亂的行為會讓孩子的心理狀態產生混亂，形成紊亂型依附。孩子會在鏡像神經

元和「無法消除的恐懼」共同作用下，陷入混亂的內在心理狀態。

未解決的創傷會淹沒內在心理活動的正常運作，以及人際之間的溝通。

我們可以從個人對生活經驗的敘述中，看出他的心理創傷是否獲得療癒，也能看出此人在心理受創或失落時，會喪失有彈性的應變能力。

他們的左右腦思考整合能力會受損，在反思他們的生活或討論未解決的問題時，會陷入思考混亂的狀態。當自傳式記憶再度浮現，他們的左腦總是充滿了未處理的情景和恐懼、背叛的感受。

此時，他們對過往的經驗如何影響現在缺乏連貫感，而是被突如其來、失調的心理歷程給淹沒，陷在混亂的過去裡。

與創傷有關的情緒反應、一組被重新激活的鏡像神經元，以及左右半腦整合能力受損，都可能引發這些心理歷程，使人們缺乏連貫感，並且為人際關係帶來困難。

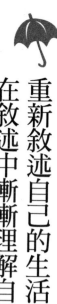

重新敘述自己的生活，在敘述中漸漸理解自己、療癒過去的自己

一九一至一九二頁的問題可以幫助你回顧童年經驗。這些「為父母設計的自我反思問題」不是類似成人依附訪談這類研究工具，但仍有助於大多數人加深對自我的理解。

靈活地應用這些問題，再回想過去的生活經驗，有助於喚起我們的回憶。在回答這些問題時，你的腦海裡可能會浮現一些景象，內心可能也會有所感受。有時候，我們可能會對某些回憶不確定，或者對某段回憶感到羞恥，然後開始修改自己的陳述，以便在他人或自己面前展現出較純潔的形象。

每一個人都可能有不可告人的祕密！那些心理上的防禦性適應模式，已經讓我們遠離了自己真實的情感，也阻礙我們真切地去感受他人。

剛開始，或許我們很難用言語表達這些內在景象或感受。這是很正常的。因為語言和有意識的言語思維（verbal thoughts）是由左腦控制，而自傳式記憶、原始情緒、身體整體感受以及景象，是經由右腦進行非語言的處理。

在非語言訊息轉化為語言訊息的過程中，我們會感到緊張，尤其是在自傳式記憶、情感記憶和痛苦記憶令人難以承受、無法處理的時候。有時候，情感上的痛苦回憶會讓我們變得特別脆弱和敏感。

然而，如果回憶缺乏完整性，我們的人生就會變得不連貫。全然接受自己一開始可能會有壓力與困難，但它最終會帶來慈悲的自我接納以及人際連結。我們需要帶著過去的經驗和現在發生的事一同進入未來，才能整合出一個連貫的人生故事。

試著用新的方式敘述那些讓你更加了解自己的事物，改變就會在這個過程中發生。在自我反思的過程中，找到一個值得信任、能傾聽你在這趟進化旅程中所有發現的成人，可以帶來很大幫助。我們都是社會性的生物，我們的陳述過程都來自人際連結，當我們與親近的人分享這些經驗，就會加深對自我的理解。

從認識自我開始，重新找回「安全依附」的關係

當你回顧自己成長過程中的依附關係時，也許會發現有些面向，對於理解早期家庭生活對你的成長造成的影響特別相關。我們已經知道，依附研究所提供的基本架構有助於人們加深對自我的理解，並且找到改變的方法。

研究證明，獲得安全依附是非常有可能的。雖然獲得安全依附，通常與我們和朋友、情人、老師或者治療師之間的健康的、療癒性的關係大有關聯。但是只要從深化你的自我了解做起，我們就能一步步改善與他人的關係。朝著安全依附不斷努力，可以讓你和孩子的生活都更充實、豐富。

為父母設計的自我反思問題

1. 你的成長過程如何？你有哪些家人？
2. 童年時，你和父母相處得如何？從少年到成年至今，你和父母的關係是如何變化的？
3. 你和母親及父親之間的關係有什麼不同？有相似的地方嗎？你在哪些方面會試著效法或不效法你的父母？
4. 和父母相處過程中，你是否曾感受到被父母拒絕，或者被父母的威脅嚇壞了？在童年或日後的生活中，是否還有其他經驗讓你感到難以承受或精神受創？你現在的生活中還有這些經驗嗎？它們會持續影響你的人生嗎？
5. 小時候，父母是如何管教你的？這對你的童年有何影響？對你現在扮演父母的角色有何影響？
6. 你還記得兒時跟父母分開的經驗嗎？是怎樣的情況？你是否曾和父母長時間分離？
7. 在童年或往後的生活中，在你生命中是否有重要的人過世了？當時你的感受如何？對你現在的生活有什麼影響？
8. 當你高興或興奮時，你的父母有什麼反應？他們是否會參與你的快樂？當你煩惱或不快樂時，又會發生什麼事？你的父母在這些時刻是否有不同的反應？如何不同呢？
9. 除了父母外，小時候是否有其他人照顧你？這段關係你覺得怎麼樣？有發生過什麼事情嗎？如果現在讓其他人照顧你的孩子，會是怎樣的情況？

10. 如果你的童年過得不快樂，你是否有其他家庭內、外的正向關係可以讓你依靠？這些關係對你當時有什麼幫助？現在呢？

11. 童年經驗對你成年後的人際關係有什麼影響？童年的某些經驗是否讓你因此避免出現某種行為模式？你是否想改變自己的一些行為習慣，但是遇到困難？

12. 整體來說，你認為童年經驗對成年的生活有什麼影響，包括你對自己的認知，以及和孩子的相處？在和他人相處以及認識你自己的方法上，你最想改變什麼？

寫下回答後，過幾天再檢視你的答案

思考一下上述那些自我反思問題，回答完先不去想它。至少一天後再回頭檢視你寫下的答案，然後大聲地念出來。

你發現什麼了？你對你的答案有什麼感想？

你是否希望父母應該在兒時提供不同的教養方式？

這些經驗如何影響了你對孩子的態度，以及你和孩子的相處？

你在反思中汲取到最重要的教訓是什麼？我們的人生故事不是固定的，也不是無法改變，它們會隨著我們的成長以及不斷解讀自己人生的過程而演化。讓自己敞開心胸面對這個終生的發展。

激發右腦思考模式，打開成長之門

排拒型（成人）VS.逃避型（孩子）

成長過程中欠缺情感呵護或細心照顧的人，似乎適應了人際和情感溝通上的冷淡，並且對淡漠的互動習以為常。在這種情形下，孩子會盡可能降低對照顧者的情感依賴，這對孩子「求生存」來說也許是合適的，也有幫助。但隨著這種適應性持續下去，不僅是孩子和父母的關係，就連孩子和他人的關係也會愈來愈冷漠。

儘管研究證明，逃避型依附的人能覺察到他人的觀點，但他們的防禦心態似乎會降低他們與他人發生情感溝通的動機。除此之外，這種狀態也會妨礙他們感受和認識自己的內心。一般認為，這種逃避心態是他們為了降低情感脆弱性，弱化右腦運作模式以利左腦思考模式占有優勢的適應性轉變。

依照這種看法，我們可以想像連結左右腦思考模式的雙側整合（bilateral integration）程度也相當低。這從擁有這種童年經驗的人似乎無法充分陳述人生故事的現象中可以看出來，他們常常堅稱想不起童年經驗的細節。與周遭的人相處時，他們也給人很獨立的感覺，使他們的配偶感到孤單，難以親近他們。這種過程在童年時也許是「健康」且必要的適應性體現，但最終會變成他們和配偶以及孩子建立健康關係的阻礙。

改變這種適應模式的方法，就是提升雙側整合性。

這類型的人對內心世界的感知能力差，自我覺察能力薄弱，難以覺察他人發出的非語言訊息，說明他們的右腦運作模式發育不健全。因為他們常使用邏輯性、非自傳式的左腦思考模式，故自我反思能力有限。因此，激發他們的右腦思考模式也許有幫助，也有其必要性。

研究發現，談到依附相關的話題時，相對於他們在口頭上貶低依附的重要性，他們在生理上還是會出現特定的反應。**這說明雖然他們在行為和外在態度上不太注重情感連結，但心理仍然反映出對關係的重視。**

換句話說，儘管這類型的人在成長過程中降低了對人類情感的依賴程度，但其先天重視關係的依附系統仍然是完整的。

認知到這一點，對如何接近這類型的人的內心非常重要。這類型的人為了適應過去家庭生活中的某些缺陷，花了許多時間自動弱化人際關係。一般認為這種家庭環境很難刺激他們右腦思考模式的形成。因此，重要的是，必須找到一種活化精神生活的方法，釋放出大腦朝人際連結和內在協調發展的內在動力。我們發現「引導意象法」（guided imagery）等針對非語言訊息進行、能增加身體感覺的覺察力，並且刺激右腦的活動，對啟動發育不健全的右腦思考模式相當有幫助。

對信奉邏輯思考（即左腦較發達）的人來說，可以從邏輯思考的角度解釋，讓他們了解早期情感疏離的家庭環境導致左腦過於發達（相對右腦而言），以致在適應上位居主導地位。同樣有幫助的做法是指出最近的腦科學研究發現，新的神經細胞，尤其是具有協調功能的神經

細胞，會在人的一生中持續生長。有了這種中立、容易被人接受的看法，我們才能著手提升同樣重要但發展欠佳的右腦思考協調性，也隨之打開成長之門。

逃避型依附的人有自己的內心世界，也能接受他人的觀點，但他們的防禦心態似乎會降低他們與他人發生情感溝通的動機。

學習自我暗示，在自我省思中撫育自己

焦慮型（成人）VS.矛盾型（孩子）

父母不常撥空陪孩子的家庭裡會出現不同的關係適應模式，這讓孩子產生是否可以信任他人的焦慮感。父母的照顧反覆或有干擾性，會使孩子產生矛盾和不確定的心理。成人向他人的某種需求沒有實現，或者自己的需求沒有得到滿足時，也會產生類似的心理。

這種矛盾心理的人亟欲與人建立關係，卻很諷刺地迫使他人遠離了自己，從而為自己創造一個自我增強的反饋迴圈，認為他人的確不可信任。

在矛盾型依附及焦慮型依附這類適應型態方面，其成長的管道通常結合了自我對話、放鬆練習等自我安慰技巧，以及跟親近的人所進行的開放溝通。從某方面來看，這類適應型態牽涉到右腦思考模式過度活躍，卻在右腦特別擅長的自我安慰方面發生困難。記憶和自我模式不見得能確保個體的需求得到滿足，也不能讓他們確信人際之間的關係是可以信任的。

這種自我懷疑感有時會伴隨深層且無意識的羞愧感，認為自己有缺陷、不夠完美。這種羞愧感可能存在於各種不安全型依附模式當中，表現形式也不盡相同。認清我們在童年生活中如何形成這種羞愧感，能幫助我們跳脫這些情緒反應在人際關係上所產生的刻板模式。

每個人都可能發展出層層的防禦心理，保護自己不受焦慮、自我懷疑、情感創傷等負面情緒的影響。遺憾的是，這些防禦層也會阻礙我們去覺察這些內隱的情緒歷程如何影響我們與孩子的相處。我們會將內在經驗的某些有害層面投射在孩子身上，比如在孩子感到無助和脆弱時對他發脾氣。從這一點來說，雖然防禦層在童年時期對我們有保護作用，卻也阻礙了我們理解自己的內在痛苦，並且影響教養孩子的能力。揭開這些因我們本身未盡理想的教養經驗而築起的防禦層，對於理解我們的人生至關重要。

用其他方法消除心理上的不適時，做一些放鬆活動排解心理的焦慮和疑惑，是非常重要的第一步。由於父母的照顧毫無規律，又具干擾性，自我安慰策略的形成往往會受到阻礙。

學習「自我對話」技巧是照顧你自己非常有效的方法。用清晰的敘述跟自己對話，比如「我現在有種不確定感，但是我正在盡力去做，問題總會解決的」，或者「她說的話讓我感到不安，但我可以直接去問她，弄清楚她的意思」，這些都是用左腦的語言邏輯去安撫右腦焦慮感的例子。

對那些帶著心理防禦層，認為它或許可以掩飾羞愧感的人來說，謹記「自我是有缺陷的」只是孩提時期因為跟父母缺乏權變溝通而產生的結論，或許會有幫助。

我們必須明白，「我值得被愛」的自我暗示非常重要，而且可以取代「沒有人愛我」或者「我不值得被愛」這些內心的想法。找到讓右腦學會自我安慰的方法，是因應這種適應型態的成長關鍵。你可以提供父母在你還是孩子時未能給你的心理安慰，從某種程度來說，就是在自我省思中撫育自己。

找出問題的癥結，展開療癒和成長

未解決型（成人）VS.紊亂型（孩子）

在父母經常製造緊張及恐懼的家庭中長大的人，容易出現內心混亂的狀態。這種與他人和自己失去連結的感受，會引發一種可能包括不真實感或內心破碎感的解離過程。

在更細微的層面上，紊亂型依附的表現還包括在壓力沉重或因人際互動導致心態突然轉變時，發生僵化的情況。殘留的情感創傷或失落感會導致解離感等破碎的心理感受更有可能出現。在發生這種現象時，這些情緒會變得更強烈、更頻繁，心理上也更混亂，也讓親子關係修復更加困難。解決這種不健康精神狀態的方法，就是療癒父母和孩子的心理問題。

未解決的問題反映出大腦無法把回憶、情感及身體感受自然、靈活地協調起來。這種整合能力受損可從心理上的固著或紊亂狀態看出來，這經常發生在「卡在」重複的行為模式裡，或者被無力抵擋的情緒給「淹沒」的父母身上。

當我們著手療癒這些問題時，才能從過度僵化和紊亂的極端心理狀態中釋放出來。

雖然童年事件或許在當時看來毫無意義，但我們還是有可能解讀它們對現在生活的影響。當這個統合性的理解過程會把過去元素和現在的反思結合起來，你或許會發現你對機會的感受力和創造未來生活的能力大幅提升。雖然這類分析必須仰賴自己，但如果有他人參與，將有助於我們的療癒之旅。

療癒這些問題，取決於我們是否有能力面對和接受過去那些似乎難以承受的情感回憶。幸運的是，療癒這些問題是有可能的。

最艱難的一步是要有勇氣承認嚴重的、令人懼怕的未解決的問題。當我們做好充分的準備接受挑戰，找出問題的癥結，就意味著我們準備展開療癒和成長之旅，成為自己理想中的父母。

教養練習題

1. 花幾分鐘回答下列問題：「一個好媽媽應該是……（什麼樣子）」或「一個好爸爸應該是……」，在你寫下答案時，盡量想到什麼就寫什麼，不要想太多。然後，把你寫下來的內容大聲念給自己或者信任的人聽。你覺得這些內容當中，父母為你做到了多少？也許你的父母做到很多，也許很少，或者都沒做到。然而，對照你的答案，你對自己的孩子又做到了多少？接著，挑選其中一項，把它當做孩子在特定成長階段中，需要特別重視的地方。

2. 重讀前文中關於成人依附、孩子和父母依附類型的內容（參見一七六至一九九頁）。思考一下，哪一種分類與你的童年經驗最相符，並寫下你的想法。你應該按照你的真實想法與所有依附類型的特徵進行比對，而不是把你自己或他人歸類在特定的依附類型。經過比對後，再思考以下這些問題：你和父母的相處模式對你的成長過程有何影響？這種方式如何影響了你與他人的交往？對過去你的婚姻關係有什麼影響？對你現在和孩子以及與他人的相處呢？

3. 在你的反思過程中，是否有特殊的遺留問題尚未解決？這些問題如何影響你與孩子的相處？在你的成長過程中，是否有不堪回首的經驗？你是否覺得有嚴重的問題存在，比如，害怕親密行為？因為自己不完美而感到害羞？為孩子缺乏自理能力而生氣？或者其他難以啟齒的情感問題，而這些問題或許影響了你與孩子的相處？你是否覺得在你的生活中有些未撫平的情感創傷或缺失？這些創傷對你的心理有何影響？對你與孩子的相處呢？

父母的成長過程，如何影響孩子的依附關係？

——從成人依附訪談中了解自己！

為了了解父母的行為為什麼會造成不同的嬰（幼）兒依附模式，瑪麗．梅恩和其同事設計一項重要的研究工具——成人依附訪談（AAI）。首先，研究人員假設父母在兒時受到的照顧和養育經驗，會影響他們與自己孩子的相處。如何驗證這種假設的正確性呢？研究人員決定為那些比較了解孩子依附狀態的父母設計一些問題。研究人員選取最具相關性的話題做成正式訪談，讓父母們回憶自己的童年經驗。結果發現，依據訪談結果可以推測出受訪者孩子的依附類型，且推測與實際情形的相符度高達八五％。對此形式的研究來說，這個比率相當高。接下來的研究中，研究人員針對夫妻進行訪談，並且預測他們尚未出世的孩子在一歲時對雙親分別產生何種依附類型。結果，依據AAI資料做出的預測準確性還是相當高。AAI清楚顯示父母具有某些鮮明的心理和行為特徵，會影響他們與孩子的關係。

AAI大約包含二十個問題，要求研究對象在受訪的同時追溯他們的自傳式記憶。研究者艾瑞克．海斯說明了這個訪談過程需要具備雙焦點：內在的掃描和外在的直接討論。受訪者的回答會被錄起來，整理成逐字稿，最後由受過訓練的AAI研究人員對逐字稿進行分析，評估受訪者對童年事件的陳述。不過分析過程中的主要焦點是「逐字稿的連貫性」——衡量受訪者「如何」敘述童年生活經驗的一項標準。在這個部分，受訪者和研究人員的談話連貫性會受到評估。如果談話內容缺乏事實根據、說得太少、說得太多但偏離主題，或是在回答某個問題時顯得語無倫次，都會被視為「違例」，然後可以進行定量分析和編碼。一般認為，這些違例可以顯示出受訪者陳述不連貫的不同表現。透過對這些敘述仔細地定量

分析，就可以對受訪者做出整體分析，接著將他們進行分類——「自由型／自主型」；「排拒型」；「焦慮型／糾結型」；以及「未解決型／紊亂型」。正如我們所見，AAI分類法是預測孩子依附類型最強有力的工具。

你也許覺得奇怪，透過分析一個人對另一人的交談，向他人敘述自身經驗，並回答一些特定問題，就能準確分析此人的過去。畢竟人的回憶都是主觀的，為什麼主觀性敘述具有預測能力？更何況，過去的陳述混合了實際發生的事、我們希望發生的事，以及我們盡力想忘記確實發生過的事。它們通常會根據我們希望在他人或自己面前得到何種評價，而有所偏差。這當然沒錯，但不全然相關，因為AAI評估不只以受訪者對童年家庭生活的敘述為依據，更重要的是受訪者如何敘述、如何透露他對人生的分析和解讀，以及如何把各種形式的記憶做出連貫的梳理。連貫的敘述可以透露出一個人是否已經理解他的童年生活。

AAI研究中令人振奮的是，在「習得安全型依附」這個類別裡，雖然有些人報告出來的問題較為嚴重，但是最終人們理解了他們的人生，並且能做出連貫性的敘述。艾倫．索洛夫指出，最終對逆境下的人生擁有清楚認知的人，能夠和他人建立正面的關係——比如和親人、照顧者、老師或者朋友——這些關係能為他們提供堅強的復原力。這些發現更強化了一項觀點：依附關係可以改變，也是不斷發展的。

習得安全型依附研究：解讀人們如何面對困境

透過目前對習得安全型依附的研究和理解可以得知，成人依附訪談的關鍵點是，訪談是為了研究某些心理特徵而設計的，這些特徵決定了為什麼父母用不同的方式照顧孩子，就會產生不同的安全（或不安全）的依附模式。請受訪者回答問題，要求他們回憶過去並敘述個人

生活事件，並不是為了對過去經驗做出準確描述。這項訪談評估以敘述的連貫性作為主要評估基礎，而不是敘述內容的準確性。

九〇年代初期，瑪麗．梅恩和艾瑞克．海斯會在AAI研究人員正式訓練中，針對一群看來已經克服困境、並對人生做出連貫性描述的人提出他們的看法。一九九四年，皮爾森（Pearson）和同事發表了關於這方面的首次正式研究，這份研究比較了具有「習得安全型依附」狀態的人以及被定義為「持續安全型依附」狀態的人。研究中，習得安全型依附被敘述為具有AAI評估的連貫性，但其敘述內容是「負面的」，也就是在他們的童年敘述中，父母可能表現得麻木、冷漠，或者有其他嚴重的問題存在。這些問題通常與AAI評估中出現各種不連貫的情形有關，因此造成成人不安全的依附心理狀態。但是藉由AAI的回顧性敘述，這些成人最後能獲得心理上的安全依附。最初的研究證明，這類人有憂鬱傾向的比例較高，儘管如此，他們的孩子仍然能夠發展安全依附。為了進一步追蹤研究，菲爾普斯（Phelps）和他的同事深入一群家庭，觀察父母和孩子的相處行為，對習得安全型依附做出更全面的分析。

這份發表於一九九八年的研究發現，即使在感到有壓力的情形下，例如睡前或者出門上學，具有習得安全型依附的人均表現良好。他們不僅在AAI中的敘述比較連貫，即使面臨困境也能妥善、適當地照顧孩子。

二〇〇二年，另一份重要研究讓我們更理解了「習得安全型依附」的概念。艾倫．索洛夫和同事們對一組嬰兒進行了將近二十五年的追蹤研究。當這些嬰兒成長至十九歲時，請他們做成人依附訪談，再用訪談結果進行習得安全型依附分析，這些分析不僅從「回顧性」觀

點出發（即以前的研究方法，因為之前AAI調查只針對孩子的父母），並且從「前瞻性」觀點（Roisman等人，二〇〇二年）去進行。該項研究發現很值得關注。回顧性習得安全型依附仍沿用以前的研究標準來評估（即敘述過程有連貫性，敘述的事實帶有「負面性」），結果發現受試者中仍有一部分人有憂鬱傾向。然後，研究人員拿出以前獲得的觀察資料進行比對，發現這組受試者在嬰兒時期受到母親無微不至的照顧！不過，他們的母親都有某種程度的憂鬱傾向。

接下來，研究人員選取另一組人從預測性觀點進行分析。這些人在嬰兒時期被測出跟父母有不安全型依附關係，但在十九歲時的AAI評估中卻有連貫的敘述。結果發現，這些人具有「前瞻性習得安全型依附」。然而，值得注意的是，具有「前瞻性習得安全型」的人和「回顧性習得安全型」的人之間幾乎沒有重疊。雖然這有待未來的研究進一步證實，但仍是一個重大發現，因為足以讓人明白AAI是一個敘述性評估方法，而非單純地記錄過往。要謹記的是，AAI研究人員並不假設AAI是對過去的精確重述。此一發現更強化了一個觀點：一個成人敘述的連貫性，是預測孩子和他建立何種依附關係最強大的指標。敘述過程的連貫性所體現的成人安全型依附（不管是持續性還是習得性），都與孩子的安全依附關係最密切。

研究人員辨認出一些問題，可用來解釋為什麼在該研究中，回顧及前瞻性習得安全型依附會在不同組別裡出現。任何研究的限制條件，都對研究結果的詮釋至關重要。索洛夫和其同事們指出，該項研究只納入了母子互動方面的資料，而沒有父親方面的評估。他們的研究也沒有受試者從四歲到十二歲的觀察資料，而這段期間事實上是AAI評估的一大重點。研究者認為，有一個可能是，回顧習得安全型依附之所以會出現「負面性」敘述，是因為它們確實有發生，但受到AAI問題設計上的觀察重點限制，因此無法觀察出來。

另一個可能性是：這些人憂鬱的心理狀態凸顯了「負面性」。這種因遺傳或因憂鬱傾向

母親的照顧經驗所引起的憂鬱心理，也許能解釋ＡＡＩ中「負面性」敘述的存在，儘管研究者觀察到那些母親在照料嬰兒方面的敏銳度很高。研究者的另一個看法是，儘管孩子的母親有憂鬱傾向，仍然可以妥善照顧孩子，為孩子提供堅強的復原力，並且形成在嬰兒時期及十九歲時的ＡＡＩ訪談中都能觀察到的安全型依附關係。

儘管這些年輕夫妻（指上文的受訪者）還沒有孩子，但是我們可以經由評估婚姻品質，大致推估他們的人際關係。在持續性習得安全型依附（研究中記錄嬰兒時期有安全型依附關係，且ＡＡＩ中敘述比較連貫）、前瞻性習得安全型依附（研究中記錄嬰兒時期有不安全型依附關係，但ＡＡＩ中敘述比較連貫），以及回顧性習得安全型依附（ＡＡＩ中敘述比較連貫，但有「負面性」敘述存在）中，透過婚姻關係評估能夠揭示出親子照顧是否周全、恰當。這種在成人關係中被記錄下來的權變溝通能力，可以在他們將來有了孩子後進行進一步的評估。

為什麼前瞻性習得安全型依附不像回顧性習得安全型依附那樣具有「負面性」敘述，讓它符合相同的研究標準？是否還有其他研究標準會讓回顧組和預期組出現不同的重疊情況？針對年齡更長的人給予ＡＡＩ評估，是否會比平均年齡十九歲的人接受ＡＡＩ評估得到更值得反思的結果，因為年輕人不太願意承認對父母的依賴以及自己的內心脆弱？有憂鬱傾向的年輕人是不是更容易抱怨父母？顯然，這些可能性都會影響研究結果。

如果這些研究結果在表面上成立，那麼研究人員認為或許我們不該對回顧組使用「習得」一詞，因為這組人在嬰兒期似乎有安全型依附關係，儘管他們或許在童年後期遇到困難。有個重要發現或許有助於評估這些研究成果的意義：前瞻性習得安全型依附的人，其憂鬱程度並沒有比較高。憂鬱傾向會使人們在回憶時出現「負面性」偏差，而這可以解釋回顧組的研究結果（譯注：在回顧組中，多數人都有憂鬱傾向）。對於前瞻性習得安全型依附的人來說，也許情況是這樣，他們跟母親的不安全型依附在進入成年期轉為安全型依附的過程中（此時

他們在生活中，形成新的人際關係），他們在ＡＡＩ中的敘述也變得有連貫性了。因為他們已經走出了未盡理想的教養經驗，而且自傳性記憶現在變得更注重當下的事，而不會特別注意童年事件對現在生活的影響，尤其對十九歲的年輕人來說更是如此。

對於記憶的研究結果也許在這裡可以派上用場。自傳式記憶研究發現，有兩個過程與此相關：新近效應（recency）和懷舊效應（reminiscence）。新近效應是指我們往往容易回想起最近發生的事；懷舊效應則似乎在三十歲左右出現，是指我們更容易想起小時候或年輕時發生的事。那麼，是不是因為ＡＡＩ往往針對過了青春期的成人進行，而這些人更容易受到懷舊效應所影響？在受試者少年時、二十歲以及三十歲時（此時已為人父母）所做的ＡＡＩ結果會不會一致呢？我們還需要更多面向的研究，未來也需要長時間追蹤研究去揭開謎底。

嬰兒的持續性安全型依附（以「嬰兒陌生情境」來檢測）和成人的持續性安全型依附（以ＡＡＩ中的敘述連貫性來檢測），在這裡也跟理解依附型態的轉變有所關聯。如果一直保持良好的人際關係，嬰兒和成人的依附狀態就有高度相關。具體來說，童年期的安全型依附與成人期的安全型依附有關，童年期的不安全型依附也和成人期的不安全型依附相關。不過，如果這種關係出現狀況，比如失去親人、受虐、照顧不周、照顧過度，那麼嬰兒期的安全型依附有可能轉變為成人期的不安全型依附。當然，嬰兒期的不安全型依附也可能轉變為成人期的安全型依附（即「前瞻性習得安全型依附」）。儘管科學還不能準確告訴我們，在非臨床的正常環境下，一個人如何才能獲得安全型依附，但是大多數研究者認為，在成長中和他人形成敏銳、有責任感、互相關懷的人際關係，能提供我們堅強的復原力，度過生活中的艱難時期。

最後，關於習得安全型依附有一點不得不提。安斯渥在進行一項ＡＡＩ評估後發現，個人經驗敘述中如果出現情感創傷或失落，不一定表示親子的依附關係會出現問題。只有在ＡＡＩ中談到情感創傷或失落時，受試者會語無倫次或者精神紊亂，才會被歸類為「未解決型」，而這項分類是預測紊亂型依附的最佳指標。需要再次說明的是，AAI強調的不是個人在成長過程中發生什麼事，而是他如何看待和處理這些事情。和他人建立支持性關係也許有助於解決成長中的問題，而且不論個人是否受到妥善的照顧、照顧者細心但有憂鬱傾向，或者成長中有情感創傷或失落，最重要的是父母們如何理解自己的人生。

成人的「依附心理狀態」

依附研究使用「依附心理狀態」一詞來敘述成人的依附類型。了解這方面的一些心理特徵，將會對我們的理解有所幫助。

・儘管我們在人生中也許會出現多種依附對象，但是AAI研究只會呈現單一的依附狀態分類。因為進入青春期後，我們各方面的經驗會穩定統一下來——最主要是受到與主要依附對象之間的依附關係所影響。

・心理狀態是指大腦在組織立場、方法以及心理歷程模組（mental set）的一種過程。它會過濾我們的知覺、調整我們的情緒反應、直接影響我們的行為。這種充滿特定主題的組織過程，具有任何常見心理狀態和心智模式的特徵；而那些與依附相關的心態可能作用時間長且持久。

・從腦科學角度來看，我們可以說這種心理歷程已經「烙印」在神經元信號的發送模式裡。為了回應這種模式而產生的適應機制，會建立突觸連結，並保留在記憶中。在有關「依附」的腦神經模式中，這種模式會和內隱記憶重疊：它根植於我們的早年生活，會在我們察覺不到正在回想某件事的情況下啟動，並且直接影響我們的知覺、情感、行為以及身體感受。這種經由學習而內化的心理模式，就是約翰・鮑比所稱的依附「內在運作模式」（internal

working model）核心所在。

依附轉變會牽涉到這些心理狀態的改變。就像任何變化一樣，學習也需要忘記舊有的模式，同時創造有助於學習新方法的條件和經驗。伴隨著會產生新經驗的學習過程，大腦會改變突觸連結。大腦也能生長出新的神經元，尤其是在心理狀態將分布廣泛的運作過程統整起來的核心區域。我們也可以說，對自我的全新認識（以新的神經協調水準為基礎）和新的人際相處經驗（能使人的溝通和相處產生新形式）兩者共同作用，可以使人的依附心理狀態朝著成人安全依附的方向發展。要勇於接受這些變化，需要重新認識自我，並願意運用新方式與他人建立關係。

情感、記憶和依附

在AAI中，具有「排拒型」依附心理狀態的人對童年家庭生活很少有細節回憶，此一發現提出了一個關於情感、記憶和依附關係經驗的有趣話題。在回答AAI問題的過程中，這些成人不斷強調自己想不起童年經驗。馮·伊詹德（van Ijzendoorn）和同事們利用後續研究試圖發現可能的認知問題，例如記憶缺陷或者智力障礙，這些有可能是回憶匱乏的根源所在，不過研究結果並未發現普遍的記憶或智力問題。受訪者都能完整地回憶童年生活其他部分，比如當時流行的綜藝節目，而且「排拒型」依附心理這一組人與其他組別一樣，智力水準的分布是常態的。

依附研究人員也在AAI中尋找遺傳因素的存在，包括在過去針對分開撫養的雙胞胎所做的研究中常發現具有遺傳基礎的變項，但一無所獲。他們發現內含遺傳要素的變項如智力、某些性格特點以及生活模式好惡傾向，跟AAI的結果無關。此一發現支持了他們的

假設，即依附行為主要是由關係經驗而不是遺傳形成的。

為什麼有「排拒型」心理狀態的成人會難以回憶家庭生活，不僅針對正常的童年失憶期間（絕大多數人不太記得兩歲以前的事），而且似乎在童年經驗的細節回憶上也有此現象？儘管研究人員不能確定受試者單純只是沒有說出他們實際上記得的事，但臨床上我們知道，這種回憶的缺乏反映了提取記憶能力有問題。通常來說，提取能力受損可能是由於連接既有回憶的通道受阻，或者是該記憶並沒有恰當的被記錄在腦裡。我們還不能確定為什麼會有這種「記不得」的模式，然而，我們從記憶、情感以及大腦的研究得知，也許經驗過程可以解釋此依附研究的結果。在記憶研究裡，跟情感與回憶相關的研究證明，低水準的外顯記憶編碼、儲存以及之後的提取能力，與無情緒激發（emotional arousal）可能有關；過多的情緒激發則可能對外顯編碼造成損害，並且阻礙記憶儲存以及隨後的提取。適量的情緒激發有助於記憶處理，以後的提取也會變得更容易。

什麼是最適量的情緒激發？從有效調節情緒的觀點來看，這種狀態會啟動大腦的評價中心區（大多數位於邊緣回路，比如杏仁核和眶額區）以增強神經機能和可塑性。最佳的神經機能意味著，這些聚合區域能夠把經驗發生時處理訊息的相關回路整合到最大程度。神經可塑性的提高則意味著，由邊緣評價回路所釋放的神經調節化學物質會協助新突觸連結的建立。例如，海馬迴是重要的「認知圖譜繪製者」，因為它會把各神經區域輸入的資訊整合成一個認知整體。因此，最佳的神經調節有利於記憶的協調整合處理。

神經調節回路能夠增強新突觸連結的建立，並透過釋放神經活性物質（此物質有助於神經信號發送，也能促進基因啟動以製造新突觸形成所需的蛋白質）來增強學習能力。最近有人提出假設，最佳的情感經驗可能牽涉到這些神經調節回路，它們會參與記憶編碼，提高日後回憶起來的可能性。當情感回路在記憶編碼中參與程度比較高時，這些記憶單元、這些再現經驗的

「儲存強度」會變得更強。

記憶有一個很重要的層面是遺忘。如果我們經歷過的事情一古腦兒地湧上，我們反倒會「喪失思考」。我們的思考需要有選擇性地忘記一些事情。因此，思考會自動進行遺忘處理，比如情感上平淡無奇的經驗不會被記憶編碼，以後這些經驗細節也不容易想起。

這裡對依附經驗和「排拒型」依附者所提出的看法是，這些人的童年家庭生活在情感方面平淡無奇，缺少日後容易回憶起的細節經驗。實際上他們有一些回憶，比如綜藝節目、體育賽事，與家庭生活有關的一些事實，但是很少有自傳式的記憶。外顯性自傳式記憶的特點之一是具有自我感和時間感，它似乎由位於右半腦的一組回路負責中介，而不是由位於左腦的外顯語意／實際記憶回路負責。在這種情形下，對回憶匱乏的堅持（因照顧上缺乏情感溝通所致）會形成一種發展不完全的右腦自傳式認知過程或自知意識（autonoesis）。

安道爾．托爾文和他在多倫多的同事們證明，自知意識——自我認知覺察能力——是由前額區，尤其是與自傳式記憶有關的右側眶前額葉居間中介。托爾文認為，右腦思考模式能夠產生自我認知的心理狀態，並且產生連接過去、現在、未來的心智時空旅行經驗。把這些觀點與依附研究連結起來可以得知，自我認知經驗起初可能由家庭生活經驗所產生，但後來透過自我認知形塑日後人際關係的方式而得到加強。或許那些具備慈悲的自我理解能力的人，也能夠把這種同理傾注到孩子身上。

依附研究指出，孩子與老師的相處模式以及孩子和父母的相處模式類似。正如我們所討論的，依附研究支持了這項觀點：依附是經驗產生的結果，而不是孩子天生的特徵。這兩個發現結果說明了孩子為了應付家庭環境所採用的適應模式，同樣會運用到家庭以外與他人的連結上。日後，來自他人的反應會更強化這種適應模式，並讓最初形成的適應模式長久地存留下來，最終變得根深柢固。

如果自我理解所需的神經機制發展受限，擁有豐富內在生命的能力就會受限，同時與他人內心世界發生連結的可能性也非常有限。這種限制對減輕個人在面對情感痛苦或失望時的脆弱心理來說，也許是一種有用的手段，也是可能出現機能性關閉的主要右腦運作過程。這些人要獲得安全依附，就必須啟動尚未充分運用的大腦機能，或者使其重新發展。對這些人來說，要鼓勵他們經歷協調右半腦各方面機能的體驗，包括非語言溝通、肢體覺知、認識自我及他人的情感狀態、自傳式記憶，以及與他人的心智狀態取得協調。

對他們情感和人際處理能力的逐步恢復給予鼓勵，有助於他們學習容忍內在的脆弱以及跟信任的人發展親密行為。這些經驗的學習，最終能幫助個人的依附心理狀態朝著安全依附的方向轉變。

CHAPTER 7

思考與行為模式

為什麼你和孩子又親密又疏離？

大多數父母都希望給孩子一個快樂的童年。

但是父母有時會說：「我也不想對孩子大吼大叫，

但是他們惹我生氣，我沒辦法控制自己。」

的確，有時候，父母會受情緒左右。

當親子關係觸及父母一方過去未解決的問題時，

就是反思何種內在歷程導致外部溝通不和諧的時候。

為什麼明明很愛孩子，又一天到晚罵他？

——你選擇高層次路徑？還是低層次路徑？

大多數父母都愛孩子，希望給孩子一個快樂的童年。但是在複雜的親子關係中，他們常覺得困惑。父母可能會說：「我也不想對孩子大吼大叫，但是他們惹我生氣，我沒辦法控制自己。」

的確，父母也很驚訝自己竟會對孩子做出無法想像的嚴厲行為。

有時候，父母會被情緒左右。當親子關係觸及父母一方過去未解決的問題時，就是反思何種內在歷程導致外部溝通不和諧的時候。父母可以利用這個機會擺脫過去，不再受制於那些會擾亂當前親子關係的情緒。

當你感到有壓力，或者發現親子關係觸及過去未解決的問題時，你的思維會停擺，缺乏變通。這種缺乏變通的現象，可能代表你正陷入一種會直接損害清晰思考能力及親子情感聯繫的心理狀態，這種情況稱為「低層次處理模式」。

當你陷入低層次處理模式，也就是接下來所稱的「低層次路徑」，你會被恐懼、悲傷或憤怒的情緒淹沒。這些強烈的情緒會讓你無法思考周密而出現反射式的反應。在低層次路徑下，你很難和孩子維持有助於成長的溝通和情感連結。

當你的心理狀態處於低層次模式，會反覆陷入一個循環，最後令你和孩子都感到不滿。尚未解決或未完成的問題，讓你無力抵抗低層次路徑，尤其是在充滿壓力的環境下。

‧狀況模擬

假如你在分離方面遇到困難，那麼每晚的睡覺時間都會是個戰場。雖然你一開始都做好打算，先照例為孩子講床邊故事，聊聊他們怎麼度過這一天，再給孩子一個擁抱和晚安吻，然後幫他蓋好被子起身離開。但當你走出房門時，孩子會叫你回來或起床找你，如果你對離開孩子有所遲疑，就會對設定界限感到困難。

‧親子互動分析

儘管你不斷安撫，孩子還是不睡，這種情況會使你進入低層次路徑。如果你發脾氣、大吼或做出激烈的行為，你和孩子都會感到痛苦，而分離就變得更困難。可能經過幾個小時衝突後，你和孩子都很不開心、筋疲力盡、關係疏離。如果父母對孩子發脾氣，孩子可能更難釋懷，也更無法入睡。

沒有一個父母會對低層次狀態下的自己，以及自己對孩子的行為感到好過。如果父母不反思自己的作為，就會不斷進入低層次路徑。這一部分歸咎於我們無法輕易從低層次路徑進入高層次路徑。

只有反思問題的根源，才可以增進自我了解，幫助我們減少進入低層次路徑的可能性。高層次處理模式會使用大腦的前額葉皮質區，此區位於大腦頂部的前方，因此稱之為高層次模式。當我們處於高層次路徑時，就能進入理性、反思性的思考程序，讓我們有能力去思考各種可能性，並且考量我們的行為及其後果。

在養育子女的過程中，高層次路徑讓我們能夠做出彈性的選擇，來支持我們的價值觀。這並不表示就不會產生親子衝突，也不表示孩子永遠不會傷心、難過，只是讓我們對孩子的行為有選擇性地做出反應。

高層次路徑能讓我們有機會進行周全且有意識地溝通，並採取有助於維繫健康溫馨的親子關係的行動。

媽媽前一刻還好好的，下一秒就翻臉生氣

——不加思索就反應的低層次路徑，容易讓孩子困惑、恐懼

低層次路徑會挑戰我們的教養能力。未解決的問題可能會導致父母的思考和行為產生混亂，進而在親子互動的過程中，出現情緒化和不可預期的反應，甚至可能在無意中讓孩子心生恐懼和困惑。

· **狀況模擬**

假設你是個三歲半的小男孩，和媽媽在公園玩。在你玩遊樂設施時，媽媽很開心地跟你一起玩，讓你感受到疼愛和珍惜。當你正要爬上溜滑梯時，媽媽告訴你該回家了。這時候，媽媽的朋友走過來和她說話，你又玩了好幾次溜滑梯，她們還在說話。於是，你走向攀爬架並且爬到頂端，自豪地向媽媽招手。她抬起頭看著你，然後看了看手表，突然生氣起來，因為她要遲到了。媽媽大吼：「快下來。」還對你搖手指，表情非常生氣。

你覺得很奇怪，剛才和你玩得很開心的媽媽究竟怎麼了？你不想和「凶媽媽」在一起，於是滑下鐵桿、爬進小隧道裡躲起來。媽媽拽著你的手臂，把你拖出來，你的手好痛。媽媽的聲音和表情從生氣變成憤怒，不停地罵你，說你是個「壞孩子」，完全不聽你解釋。你開始哭，試圖推開媽媽。媽媽氣得對你大吼，責怪你不該動手。媽媽把你從隧道裡拖出來，無視你的眼淚，一邊罵你，一邊急急忙忙走向車子。

・親子互動分析

這個母親的迅速反應並不是出於孩子的行為，而是她自己的問題。可能她發現無法準時赴約，進而連結到過去遺留下來的事件，讓她無法為自己設定界線。也許她母親在她小時候沒有能力滿足她的需求，她缺乏母親的關愛，反倒要照顧母親的情緒，放棄自己的需求。現在，孩子激怒了她，因為孩子沒有照顧到她準時赴約的需求。

當父母有未解決的問題時，他們會出現令孩子恐懼和困惑的舉動。比上述案例更極端的故事比比皆是，但即使父母突然做出憤怒的表情，也可能讓幼小的孩子手足無措。

父母一旦成為孩子警戒的來源，就意味著將孩子置於充滿衝突的經驗中，而孩子無法解釋父母的行為，於是陷入充滿壓力又不能解決的兩難狀況：父母本來是孩子尋求撫慰的對象，此刻卻變成恐懼的來源。至此，孩子在情感上感到困惑，行為也會變得更不如人意。

引起父母低層次路徑反應的環境條件，通常跟他們過去所經歷的人際問題或創傷經驗很類似。在日常生活中，當父母對孩子挑戰極限做出反應、處理孩子難過的情緒、商量上床時間或其他分離狀況時，很容易會被激怒而進入低層次路徑狀態。

大腦訊息處理形式

高層次模式 或 高層次路徑

一種牽涉到較高層次、理性、周全的思考過程的訊息處理形式。高層次路徑能使我們的反應更具正念和彈性，並產生一種整合的自我覺察感。高層次路徑的訊息處理與大腦前額葉皮質有關。

低層次模式 或 低層次路徑

低層次模式會使高層次模式關閉，導致情緒激烈、行為衝動、反應固著重複，並且缺乏自省能力和同理心的考量。當人處於低層次路徑時，前額葉皮質就不會參與訊息處理。

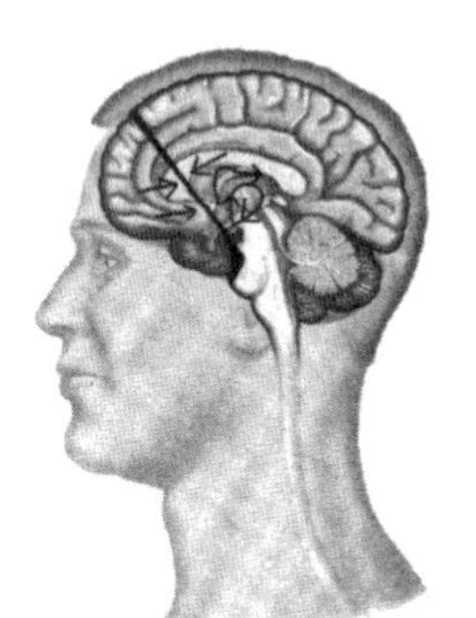
低層次模式 或 低層次路徑：非整合運作

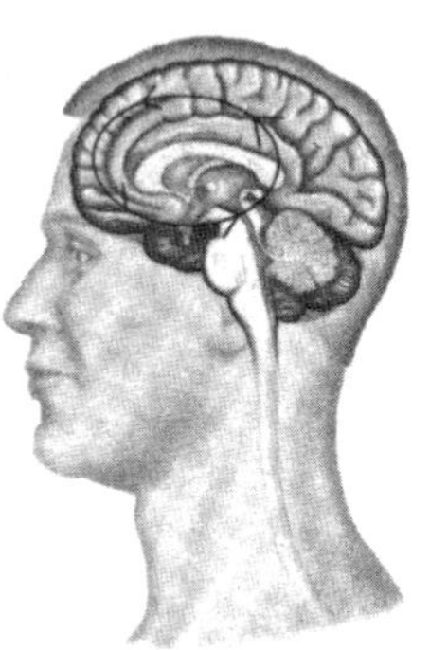
高層次模式 或 高層次路徑：整合運作

了解低層次路徑四元素，才能找到調整、恢復的方法

低層次路徑經驗有四個元素：觸發點、過渡、沉浸和恢復。觸發點會誘發過去遺留下來或未解決的問題；過渡是指完全進入低層次路徑狀態前，瀕臨極限的感受，它可能突如其來，也可能逐漸發生；沉浸是指充滿了沮喪等強烈情緒以及受困於低層次路徑的失控感。這種低層次路徑模式會關掉大腦頂部較具彈性的處理程序，亦即進行善意溝通的必要部分，因此如何找到從低層次路徑中恢復的方法，成了父母維持健康的親子關係的一大挑戰。

假如父母經常在未注意的情況下採取低層次路徑，孩子會感受到恐懼和困惑。而父母對於這種造成自己心態急劇轉變的內在衝突、矛盾或情緒，同樣會感到困惑不已。有時父母的注意力完全集中在解決自己內在的壓力，忽略了親子間的互動，反而阻礙了解決自己的壓力和孩子的情緒問題。

當父母處於低層次路徑狀態下，面對孩子就無法有效地做出反應。如果父母察覺自己出現憤怒和激烈的行為，最好的做法是先不要和孩子互動。除非父母冷靜下來，否則情況只會變得更糟，不僅可能會更難以自制，孩子也會更加恐懼。

低層次路徑四元素

觸發點	引發低層次路徑處理模式的內在或外在事件
過渡	大腦由整合運作的高層次模式轉入低層次路徑狀態
沉浸	處於低層次路徑狀態。無法進行自我反省、調適等高層次模式，心智直觀處於停擺狀態
恢復	重新啟動高層次路徑的整合程序。在恢復階段，人們很容易再次陷入低層次路徑狀態

無法從過去泥淖中自拔的爸爸，傷害了女兒

——受困於低層次路徑是怎麼一回事？

・狀況模擬

丹曾在治療工作中輔導過一個家庭。這個家的父親在感覺到被拒絕時，心理狀態會突然發生劇變。當女兒拒絕服從他的要求時，他的反應尤其激烈。他說那是一種「瘋狂的感覺」，就像「有個東西要爆開了」。他手臂顫抖、腦袋緊繃，感覺像要爆炸了。他說自己像瘋了一樣，彷彿正要進入一個隧道，離開周圍的人，從這世上消失。這時，他正處於低層次路徑狀態，無法脫身。他知道自己暴怒時，臉部緊繃，身體肌肉也變得僵硬。有時他會氣得對女兒大吼大叫；有時他覺得自己心中充滿無法克制的怒火，會用力地捏女兒的手臂，甚至打她。

這名父親對這些暴怒行為感到羞愧，試圖否認自己反覆進入這種可怕而瘋狂的狀態。他的羞愧感使得他在跟女兒發生糟糕的互動後，無法進入任何修復過程。這些一再發生且未修復的裂痕，導致女兒對父親感到困惑和不信任。長大後，這些可怕的經驗會再度影響她，並藉由心態突然轉變、暴怒或者想起父親暴怒身影的方式顯現出來。她可能會建立起一種概念，當她需要什麼，別人就會被激怒，並且背叛她。雖然她父親並無此意，卻是女兒從父親身上所學到的事。

為什麼這個父親會這樣對待自己親愛的女兒呢？

這位父親年幼時，易怒的酒鬼父親常發酒瘋，有時會追打他。他的母親情緒抑鬱、退縮，無力保護他。因此，他常常成為父親脫序行為的受害者。

成年後，當自己女兒和其他孩子一樣，堅持按照自己的方式做事時，這位父親發現他難以接受。對女兒來說，在需求得不到滿足的情況下對父親發怒，是很正常的事，孩子都是這樣的，但是父親卻覺得女兒是針對他而反抗。這種被拒感在他腦內產生一連串變化，於是他感到憤怒，進入低層次路徑處理模式。

・親子互動分析

這種低層次路徑處理模式是怎麼產生的？

過去未解決的問題為什麼很容易讓我們進入低層次路徑？

讓我們透過分析過程，來深入了解這個情況：

這位父親注意到女兒對他的不滿，因此他的心理狀態產生改變，這種轉變跟看見惱怒臉色所代表的意義產生連結，而這些連結啟動了這位父親一連串未解決的問題。他的腦中充斥著被拒絕的感受和過去未整合的內隱記憶：想要逃離的行為衝動、暴怒父親和憂鬱母親的身影、恐懼和羞愧的情緒反應，以及肉體的緊繃和痛苦。

他並不知道自己在回憶這些，但事實上，這些記憶迅速成形，並潛入他的意識。這些內隱記憶會在此時此地被感受到，成為現實中的一部分，並且形塑出低層次路徑的內在經驗。

這位父親對女兒行為的觀感，開啟了一連串的內隱記憶。這些記憶一湧而上，迅速改變了他的心理狀態。這種突如其來的改變會引起不連貫的意識經驗，即所謂的解離。**當一個人的心中有未撫平的創傷或失落感，就可能特別難以應付突如其來的轉變，更容易進入低層次路徑狀態。有時候這樣的變化會使人進入僵固迷茫的心理狀態，有時則會導致激動和暴怒發洩。**

這位父親經歷到「簡直像瘋了一樣」、「快要爆炸」的感覺，他被干擾性的內隱記憶所淹沒，突然進入兒時的心理狀態，內心充滿久遠卻又極度熟悉的恐懼感、排斥感、憤怒感和絕望感。他為自己不被接受和無能為力感到羞恥。他將女兒的不滿解釋成對他的憤怒，而覺得受辱。還沒來得及從這種排山倒海的感覺中抽身，他已經進入低層次路徑狀態，變得很生氣。這種低層次模式狀態關掉了大腦高層次較具彈性的處理程序。在這經過改變、解離的狀態下，他做出了絕不會刻意選擇的行為，而且令女兒感到害怕。他的的確確失控了。

這位父親一再進入兒時心理狀態，已經使得它們成為他性格中的一部分。他內在經驗的混亂會直接形塑他與女兒的互動方式，導致他的女兒反過來也經驗到自己內心世界的混亂。這位父親已經受困於低層次路徑中。

和自己和解

——反省你的內在歷程，開啟對過去創傷的療癒過程

這位父親百思不解，為什麼自己會對年幼的女兒態度凶惡。在治療前期，他很難承認自己的確和女兒有過這樣的互動。在聽取了高層次路徑和低層次路徑處理模式的簡單解釋後，他開始能從更客觀且「有距離」的角度來反省自己的內在歷程。

這種距離帶給他安全感，讓他放下了罪惡感和羞辱感，靜下心來思考讓他這樣凶狠地對待孩子的根源。在這個全新的思考框架下，他開啟了對過去創傷的療癒過程。

在這個過程中，浮現出來的是他酒鬼父親的故事，以及他與女兒的經驗。雖然隨著時間推移，整個故事變得愈來愈連貫，但剛開始卻充滿著令人疑惑而恐懼的感受和影像。然而，理解到內隱記憶仍然可能在外顯處理模式受損的情況下保持完整，讓他學會用新的方式思考，並且將前後故事連結起來。在那之前，他對於自己的暴躁，只是解釋成容易在發怒時失去理智。但在了解大腦、記憶、低層次路徑狀態等之後，他明白當他生氣時，大腦其實關閉了一個極其重要的自省功能。了解大腦前額葉區域能夠以高層次處理模式做出彈性反應之後，他理解自己「抓狂了」到底是什麼情況——亦即把能夠做出理智、全面、彈性選擇的大腦區域關閉，喪失清晰的思考，然後嚴重受困於低層次路徑狀態。

這些知識讓他開始理解自己的經歷。他過去的自傳式資訊必須連結當下的經驗，才能從內在及人際經驗當中建立一個連貫的故事。這個例子告訴我們，他的恐懼不僅來自現在，也與過去的創傷經驗息息相關。

過去的自傳式資訊必須連結當下的經驗，才能從內在及人際經驗當中建立一個連貫的故事。

找出創傷與失落經驗

——站在孩子的角度反思問題，注重孩子的感受

我們的兒時經歷，在某種形式上可以牽涉到創傷與失落經驗。要解決這些經驗帶來的問題，就必須了解低層次路徑狀態以及它與過往經驗之間的連結。跨代傳遞的未解決問題，會產生不必要的情感折磨。如果問題一直沒有解決，那麼我們混亂的思考很可能也會讓子女的思考造成混亂。

我們必須體認到，每個人可能都有未解決的問題會形成弱點，直到當了父母之後才會顯現出來。我們進入低層次路徑狀態時，未解決的問題和創傷與失落經驗就會暴露出來。儘管大多數的父母偶爾都會進入低層次狀態，但是未解決的創傷和失落經驗，會讓這種現象更加頻繁而且強烈。

不可避免地，在照顧孩子的過程中，那些遺留的問題會在我們腦內啟動。儘管我們並未完全沉浸在無法理智思考的低層次模式中，沒有受到如潮水般壓迫而來的強烈情感支配，但遺留的問題會讓我們難以清晰思考。遺留問題會扭曲我們的觀察，改變我們的決策過程，並且對我們與孩子的和諧溝通造成阻礙。

假如低層次路徑狀態下的互動一再重複，沒有得到修復，孩子對父母的依附關係ＡＢＣ

要素就會受到影響。孩子需要與我們同調，以獲得生理平衡（balance）而形成連貫（coherent）的思考。連貫是指一種能夠使人適應外部變化的心理狀態。連貫性會讓人們感到和其他人是連結在一起的。通常，未解決的問題所引起的低層次路徑狀態，會使父母無法跟腦中與孩子產生協調溝通的區域產生連結，孩子感受不到父母的配合，就無法繼續及時獲得生理平衡和思考連貫性。

未解決的問題通常牽涉到創傷或失落經驗，這種情況對內心世界及人際關係造成的破壞更甚於遺留的問題。你如何處理這種未解決的問題？**如果在回憶起失去或創傷經驗時，你覺得無所適從或一片混亂，那麼就該回顧這些事，重新思考它們如何影響你的人生、你的關係以及你所做的選擇**。首先，設想你和父母都已經在現有條件下盡力做到最好，不需要指責或批判自己，要溫柔地對待自己，尊重你的身體感受、情緒，以及你腦中浮現的影像。療癒創傷和失去的經驗需要耐心、時間和支持。假如，未解決的問題常讓你情緒激動、思考混亂，無法清楚地表達自己或與人群疏離，一個合格的專業人士可以為你提供必要支持，幫助你走完療癒的道路。

每個人一生中都會失去某些東西，我們無法避免經歷失去親人所帶來的悲痛。健康的悲痛是正常的過程，可以讓我們在對方離世後，重新整理彼此的關係。事後持續關切或思念親愛的人是很正常的，然而長時間的悲痛對身心並沒有好處。未解決的失落經驗，可能會以對去世已久的摯愛持續的回憶和感受的形式出現，延遲或病態的悲痛會形成一種持久的哀悼狀態，並不能解決問題。未解決的失落經驗本身的干擾性、持續性和壓迫性，所帶來的悲痛感可能會引起長時間的人際疏離和生活障礙。假如你經過持續的思考、參加了悲慟支持團體後，仍然不能解決問題，就必須諮詢專業人士。

要記住的是，孩子在面臨失落經驗時，也會產生悲痛的情緒。幫孩子經歷這些情緒，有助於他們理解這些經驗，避免對人生產生負面影響。孩子並不是只有失去親人才會感到悲痛，其他經驗也可能對他們造成相同的影響。失去一個照顧他的人、父母離異或搬新家，都是讓孩子感到失落的重大事件。父母可以站在孩子的角度來訴說故事，當你在敘述時，切記要以孩子的感受為重點，而不是注重你自己的感受或你希望孩子有什麼感受。

當你從孩子的角度來反思問題時，他們更容易度過失去所帶來的痛苦。反思性的語言非常有用，例如，如果年幼的孩子換了保母而感到不習慣，你可以說：「你還是個小寶寶時，安娜就開始照顧你了。你一定不希望她離開。你還想不想每天看到她？」若是父母離婚，可以這麼說：「爸爸媽媽不住在一起，你一定覺得很難過，甚至沒辦法決定要跟誰一起住。媽媽離婚了，讓你覺得最難過的是什麼？」若是在搬家後，可以說：「住在新房子裡讓人很難適應。你覺得我們的舊房子哪一點最棒？」當我們運用製作一本書、畫畫等具體的方式，幫助孩子度過這個時期，他們會得到很大的幫助。

父母可以幫孩子釐清失落經驗所帶來的困惑和恐懼。我們認為微不足道的小事，在孩子眼裡可能意義非凡。

以下案例說明了孩子和父母看待同一件事，有多麼不同。

一名父親帶著三歲半的兒子到嬰幼兒用品店，打算為即將出世的孩子買床墊。這件事情讓他們非常開心，小男孩覺得自己長大了。父親帶著床墊走到入口處的汽車旁時，他以為兒子就跟在身邊。他把床墊放到車裡，轉身打算把兒子抱到座位上。兒子的視線一時被床墊擋住，看不到爸爸，於是背對爸爸站著，眼淚直流。孩子沒有看到爸爸把床墊放入車裡，以為父親把他丟在商店裡了，父親向孩子保證不會丟下他，況且事實上他一直都在旁邊。回家後，小男孩告訴媽媽，說爸爸把他「一個人丟在商店裡」。媽媽認真地向父子倆詢問事情經過，並且向疑惑的兒子說明。在她重複幾遍後，孩子看來安心許多，問題似乎解決了。最後母親說：「如果你有什麼問題，隨時來問我。」接近傍晚，母親和孩子在玩，孩子突然抬起頭問：「爸爸是不是真的把我丟在店裡了？」雖然他只有兩分鐘沒看到爸爸，而事實上爸爸也沒有離開他，他還是覺得自己被拋棄了。

孩子需要時間釐清自己的感受、理解自己的經驗。這短短幾分鐘的情緒受挫經驗，已經讓孩子產生遺棄感和恐懼感，對他的想法產生重大影響。這個故事告訴我們：當孩子經歷可怕的經驗後，父母及時去了解，並保持進一步溝通，可以幫助孩子理解自身的經驗。

當孩子經歷可怕的經驗後，父母及時去了解，
並保持進一步溝通，可以幫助孩子理解自身的經驗。

從創傷和失落經驗中解脫

——從自我批判轉為自我接納

過去的創傷經驗會持續影響我們的生活。只要有創傷沒有解決，這些經驗就會以各種形式影響你現在的生活。舉例來說，當你回憶起被威脅或恐嚇的經驗時，可能會感受到情緒強烈，思考混亂。這或許是創傷沒有解決所造成的。**未解決的創傷經驗，也可能體現在被孤立的內隱記憶上。內隱記憶由許多元素組成，比如情緒、行為衝動、知覺，也許還包括身體感覺，它們可能會在你沒有察覺自己在回憶的情況下，滲透到你的意識中。**這些元素會啟動過去的經驗，好像你正面臨一個完整而難以抵擋的經驗，我們稱為「閃現」。另一種可能是，過去的經驗碎片對你造成侵擾，但不足以構成一個完整的事件。片段的感官知覺（比如沒有聲音的圖像），身體感覺（比如肢體疼痛），強烈的情感（比如恐懼或憤怒）以及行為衝動（比如僵住或逃離），都可能進入你的意識當中。或許，你不覺得這些事是記憶的一部分或來自過去的事件，但事實上它們卻可能是內隱記憶的元素。

未解決的創傷可能會讓我們同時經歷內隱記憶，以及尚未併入連貫人生故事的外顯記憶碎片。外顯記憶會讓你感受到往事重現，假如這些記憶與自身情感有關，還會引發關於自我和時間的感受。我們可能會感覺這些未整合的外顯記憶支離破碎，套不進我們更廣大的人生故事中。當外顯處理模式將記憶的各種因素集結起來時，人生故事就會浮現。反思這些記憶元素十分重要，它有助於我們將過往創傷所遺留下來的碎片，拼湊成一個連貫的人生故事。

由於我們處於低層次路徑狀態時，反思能力通常停擺，因此在經歷低層次路徑狀態之後，首要之務是提高自我恢復技能，再加深自我認知。隨著時間過去，我們在即將進入低層次路徑狀態，甚至是在低層次路徑狀態的當下，會更可能出現這種反思行為。有人描述說，雖然他們在低層次路徑狀態下無法控制自己的行為，但是能夠「遠距離」觀察自己。獲得這種觀察能力，是把自己從低層次路徑狀態的深淵中解救出來的重要開端。

在低層次路徑狀態下，我們的生存本能反應（戰或逃或僵）會更活躍，並且控制我們的行為。我們的身體可能自動做出反應，表現出這些古老的本能反射，比如憤怒時肌肉僵硬、恐懼時有逃跑的衝動、或覺得肢體麻木、動彈不得等等。了解你身體的感受，是理解低層次路徑行為的第一步。透過有意識地改變自己在低層次路徑狀態下的身體反應，可以幫助我們不受這些與生俱來的反射所束縛。大腦依賴身體來了解它的感受、判斷事物的意義；因此，了解身體的反應，可以為陷入低層次路徑提供直接而有效的解決方法。

想要改變低層次路徑對我們生活的影響，就必須熟悉這類狀況的起源，更深入了解它們對個人的意義。例如，有些人在遭誤解或忽略時，會產生突然的羞辱感，感覺「胃揪成一團」，並且逃避眼神的接觸。了解引發低層次、羞辱狀態的原因，對於防止重複進入這種狀態具有重要意義。有些人則會在受忽略時感到憤怒，然後進入低層次路徑的憤怒狀態而難以解除。理解這些特定的起因、理解它們是如何引起特定反應，對於分析這些經驗並且為生活中的脆弱狀態提供解決方案，十分重要。

累積大腦的知識，可以讓我們從自我批判轉為自我接納。培養自我反思能力必須要有獨處時間，但這對有年幼孩子的父母來說，確實很難做到。即使是在一天結束前花幾分鐘，想想自己今天的行為，或者向朋友傾訴今天的經歷，尤其是你的情感起伏，會很有幫助。在經過一場爭論，你對孩子的舉動和自己的反應都感到沮喪不已時，你可能會想問：「我為什麼會那麼做？」「為什麼我覺得自己這樣做對孩子有好處？」這些問題會幫助你進一步培養自省能力。我們內心世界的元素也許被忽視了數十年，而這種正念思考能夠幫助我們將它們拼湊起來；了解大腦和思考也能強化我們的自省能力。

還有其他方法能夠加強療癒過程，帶來身體的覺知感和自我反省。寫日記就是個好方法。擁有一個可以傾訴傷痛的對象，也會為我們的人生帶來清晰感和連貫感。

療癒過程該如何開始呢？你可以從和一個能在過程中支持你、值得信賴的人通信或對話開始。孩子可能無法負荷父母的經驗，擔任你的精神支柱也不該是他們的責任。假如你早年受過創傷，並且一再重複，那麼在走向療癒並發展出連貫人生故事的旅途上，專業協助是非常重要的。從創傷和失落經驗中解脫，無論對你或是孩子都有可能，並且意義重大，不要害怕面對問題而裹足不前。你不必受制於過去的創傷，也不需要讓它繼續影響你和孩子的生活。

教養練習題

1. 回憶一下你和孩子進入低層次狀態的經過。你出現了哪些行為？孩子又是如何反應的？你還記得自己脫離高層次路徑時的感受嗎？為了不再受低層次狀態的困擾，改變你和孩子的相處方式，首先要知道你是受到什麼刺激才進入低層次狀態。
2. 在你和孩子的互動中，是否有什麼特殊情況容易導致你進入低層次狀態？你和孩子互動中的什麼情況讓你感到恐懼、憤怒、傷心或羞恥？是什麼把你推向崩潰邊緣？是什麼讓你在回歸可控狀態的過程中備受困擾？
3. 處於低層次狀態時，進行自我反思會變得非常困難。你可以暫時停止和孩子互動，讓你的身體動起來，伸展四肢，到處走走。注意你的呼吸。當你冷靜下來時，注意觀察你的心理感受和人際互動。「自我對話」對降低消極情緒和減少負面行為有所幫助。
4. 思考改變舊有模式的可能性。當你受到某件事的刺激，正要進入低層次狀態時，記住，你還有其他選擇。深呼吸。數到十。停下來喝杯水。暫停一下或者給自己一個「情緒空檔」，離開這個環境。看到正是過去的根源導致你現在的反應，你不需要再走回頭路。

你掌心的大腦：大腦究竟是如何作用？

想了解「心智」是如何以一個整合系統來運作，並在身體、大腦和人際溝通中取得平衡，就要仔細分析神經生理層面和社會互動層面上的心智過程。正如我們所看到的，人際神經生物學的觀點能讓我們把心智看成一個傳遞能量和資訊的過程，而這個過程由腦內神經連結以及人與人之間的溝通所決定。在權變溝通中，由內在神經建立的自我感會跟社會世界的外在反應取得平衡。但是大腦究竟是如何作用，以在大腦本身、身體和社會環境中取得平衡的呢？

為了回答這個問題，我們可以先仔細了解大腦的組織結構及其功能作用的關係。關於大腦結構和功能之間的關係，在神經科學上有了令人振奮的新發現。儘管大腦十分複雜，有上千億個神經元和像蜘蛛網一樣相互交錯的連結，但是我們事實上可以透過觀察大腦的整體結構，來了解由這個神經系統完成的心智運作過程。

無論是專家還是父母，都可以透過左頁的模型來理解大腦的結構和心智的產生。對於了解心智是如何在整合條件下產生高層次路徑狀態、在非整合而互不關聯的條件下產生低層次路徑狀態，這個模型尤其實用。

往手心方向彎下拇指，再把其他手指覆蓋到拇指上，那麼你就得到了一個與大腦基本結構非常相似的模型了。我們可以學神經學家那樣創造出一個模型，把它分成三大區域（即保羅．麥克林的「三腦一體」模型），來研究這些解剖學上相互獨立、功能學上相互連結的區域：腦幹、大腦邊緣系統和大腦皮質。

舉起你的手，讓指甲對著你的臉。中間的兩個手指甲處於這個假想頭腦的眼睛後面。耳朵從兩邊伸出來，頭的頂部就是你彎曲手指的頂部，而腦袋的後部則對應你拳頭的背面，而脖子由你的手腕來表示。手腕正中象徵著從你背部延伸上來的脊髓。手掌正中則表示脊髓延伸出來的腦幹。腦幹是大腦位置最低的部位，也是在進化過程中最早形成的部位，因此被稱為原始大腦或爬蟲腦。它在神經系統中負責透過身體感受和感知系統（以嗅覺為主）接收外部資訊，並且在清醒和睡眠的管理中起著重要作用。此外，它還負責調動主要的本能反射：戰或逃或僵。

假如你把手指翻開，露出蜷曲在掌中的拇指，你看到的會是大腦模型中象徵邊緣組織的區域，這個部分負責中介情緒並產生動機。邊緣組織非常重要，它影響大腦的一切運作。情緒並不受限於邊緣神經回路，它會影響幾乎所有的神經回路及其產生的心理過程。邊緣組織有相似的進化起源及相似的神經傳導物質。由於它們影響廣泛，科學家們很難清楚地判斷出這些

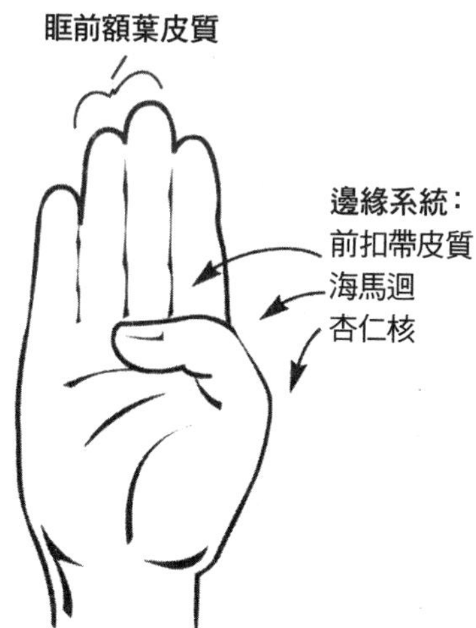

如圖示，將你的大拇指彎到手掌中間

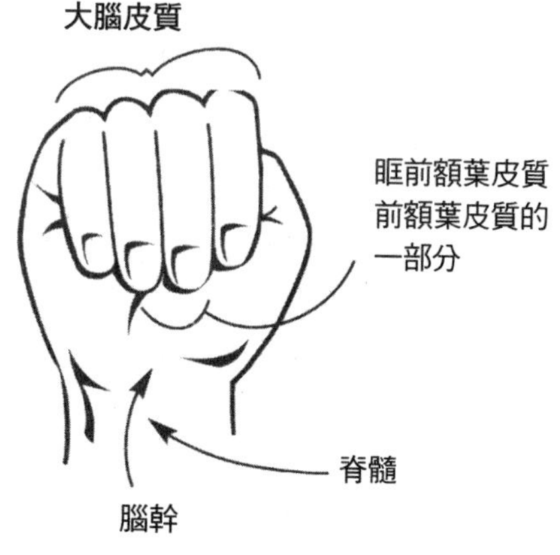

現在將你的手指彎下來蓋住拇指，如同皮質覆蓋在大腦的邊緣系統

組織在系統層次上從何開始、從何結束。正因如此，許多現代神經學家都在試圖尋找「系統」以外的其他辭彙以確切表示邊緣區域。大腦基本上可以分為兩個半球，許多結構在兩個半球中都存在，比如海馬迴。由於這只是一個簡單的模型，儘管海馬迴在左右半球中的功能有所不同，我們提及海馬迴的時候是以整體而言，而不將左右海馬迴分開討論。

當科學家提到大腦中某個結構負責中介某個功能時（比如海馬迴負責中介外顯記憶），他們的意思是，不同的研究都表明，一個健全完整的結構（海馬迴）對於某個特定功能的發生（外顯記憶）至關重要。所謂至關重要，指的是這個區域的神經活動要不就是重要的基礎（比如視覺對於明與暗的判斷），要不就是整體的過程（比如對於特定事物的認知）。這同時還表示這個區域在起著重要的整合作用，將其他區域的神經活動連結成一個功能整體。正如我們即將看到的一樣，邊緣結構在整合過程中起著十分重要的作用。

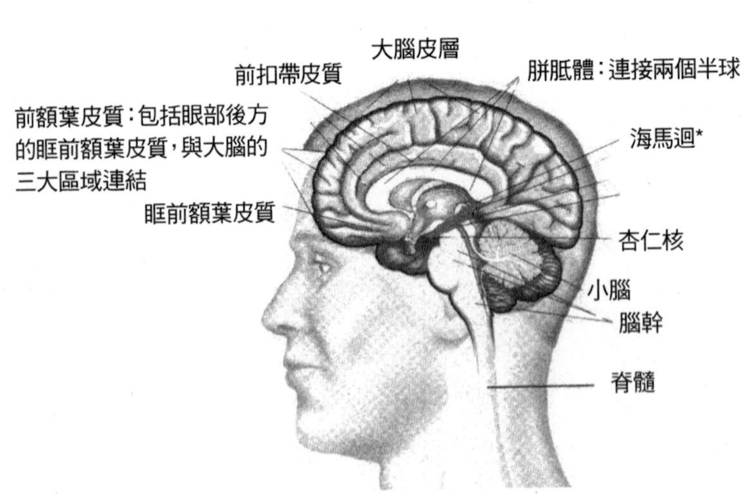

人腦從中往右看的圖解。大腦的一些重點區域已標明，包括腦幹、邊緣系統（杏仁核，海馬迴，前扣帶皮質）和大腦皮層（包括前額區域，該區域包含了構成邊緣系統的眶前額葉皮質）。

*陰影區域表示圖解中海馬迴在腦幹另一邊可能存在的位置。位於海馬迴前端的是控制情緒的杏仁核。這些結構都是內側顳葉的一部分。

邊緣系統有幾個區域對於認識教養特別重要：海馬迴、杏仁核、前扣帶皮質，以及眶前額葉皮質。有了這些結構共同作用，大腦才能夠控制身體平衡，適應環境變化，並和其他人建立起重要的連結。我們認為，透過孩子對父母的依附關係，這些結構會在大腦中發揮一定程度的整合作用，促進孩子的成長。

我們在第一章關於記憶的內容中已經提及海馬迴。在拳頭模型中，海馬迴位於大拇指的中間部分。海馬迴就像是一個認知圖譜繪製者，連接各種各樣廣泛分布的神經輸入資訊，這些資訊對於整合數個形成外顯及自傳式記憶的過程，具有十分重要的意義。

杏仁核對應的是大拇指中間部分前面的指關節，位於海馬迴末端，處於大腦更深處。杏仁核對於情緒的處理十分重要，尤其是恐懼。這裡的「處理」是指產生內部情緒和對外表達，以及察覺他人的情緒狀態。舉例來說，杏仁核具有臉部識別細胞，在面對表情豐富的臉時，這些細胞就會活躍起來。杏仁核是大腦內部許多負責判斷外來刺激意義的關鍵評估中心之一。有關研究證明，杏仁核對於感知的傾向具有類似「捷徑」的影響，可以使神經訊號繞開意識知覺，迅速提醒感知系統，對環境中的威脅提高警惕。同時，有條「曲徑」也會把恐懼等情緒狀態的訊號發送到較高的新大腦皮層，進入意識處理機制。這樣的安排能使我們感覺到危險，並迅速做出反應，而不需要等待意識的緩慢啟動。

在我們的拳頭大腦模型中，前扣帶皮質相當於大拇指的末節。在真實的大腦內部，前扣帶皮質位於連接左右半球的組織——胼胝體上方。有人將前扣帶皮質比喻為大腦的營運長，它可以把我們的行為跟我們的身體和思考整合起來。此外它還負責「分配注意力資源」，也就是說它決定我們關注的對象。前扣帶皮質還會接收來自身體的訊息，這個過程對於情緒的產生意義重大。

邊緣回路直接影響拳頭模型中很難體現的一個重要結構——下視丘。有些學者將下視丘歸入邊緣回路中。下視丘是大腦中關鍵的神經內分泌中樞，負責荷爾蒙分泌和神經傳導物質的流動。它影響著大腦和身體的許多功能，比如飢餓和飽足、壓力反應等等。此外我們的模型中難以體現的結構還有小腦。小腦位於手背與手腕連接的部位。小腦對於身體平衡十分重要，近來還發現，小腦在資訊處理上也有著重要作用。小腦還會把能鎮定情緒的抑制性神經傳導物質γ-胺基丁酸（GABA）傳送到下視丘和邊緣結構。值得注意的是，研究證實，兒時創傷和忽視對於GABA神經纖維、胼胝體乃至大腦的發育有負面影響。

我們模型中邊緣結構的最後一部分，眶前額葉皮質，位於大腦的第三大區域，新大腦皮質，也就是覆蓋在拇指上的手指部分。這個又名大腦皮層或皮質的區域，位於大腦頂部，一般認為它負責的是演化程度最高的大腦功能：抽象思考、反思以及用來區別人與動物的意識。大腦皮層上有數個腦葉，發揮著諸如視覺、聽覺和動作等重要功能。在教養問題方面，我們特別感興趣的是新大腦皮層前部，也就是所謂的額葉。這個對應自手指甲到第二個指節的部分，控制的是推理和連結歷程。額葉的前方部位是前額葉皮質，相當於指甲到最後一個指節的部分。

前額葉皮質的兩個主要區域，是兩邊的背外側前額葉皮質和中間的眶前額葉皮質。背外側前額葉皮質對應的是外側兩根手指的末節，是大腦的黑板——工作記憶中心（working memory）。它能讓你記住一組夠長的電話號碼，或者說出夠長的一句話並記住它。眶前額葉皮質得名於它的位置，即眼眶或稱眼窩後方。在拳頭模型中，中間兩根手指從最後一個指節到指甲部位即為眶前額葉皮質的所在位置。部分神經學家將眶前額葉皮質和它在解剖構造上相連的前扣帶皮質視為一個整體，例如道格拉斯·布雷姆納（J. Douglas Bremner）和其他學者的研究就證明，前扣帶皮質和眶前額葉皮質作為一個回路進行作用，而且在創傷後壓力症候群的情況下，該回路與海馬迴和杏仁核的互動可能會受到相當的損害。正如我們將看到的，眶前額葉皮質和其他邊緣結構的協調整合對於大腦的彈性運作極為重要。

注意在你的拳頭模型中，中間兩個手指的指甲，也就是眶前額葉皮質，理所當然地和新大腦皮層（手指）相連，同時也靠在其他邊緣結構（拇指）上方，並和腦幹（手掌）銜接。拳頭模型在解剖位置上和真實大腦是一樣的！眶前額葉皮質是大腦中唯一一個和三大區域僅相隔一個突觸的部位。它與大腦皮層、邊緣結構和腦幹進行神經元的往來，將這三個區域連接成一個整體。這個獨特的位置使得它在整合大腦這個複雜的系統中，發揮著特殊的作用。眶前額葉皮質是大腦的終極神經整合區。

眶前額葉皮質的多項重要功用之一，便是負責管理自主神經系統（ANS）。ANS在神經系統中負責調節生理功能，比如心跳、呼吸和消化。它包括兩個組成部分，一是類似油門的交感神經，二是類似煞車的副交感神經。這兩個系統會經由調節讓身體保持平衡、面對威脅能保持高度警惕，並且在危險過後冷靜下來。這種擁有平衡的自我調節機制的能力，有賴於眶前額葉皮質發揮情緒離合器的功能，來平衡身體的油門和煞車。

眶前額葉皮質還會協助調節下視丘。下視丘是大腦的神經分泌中樞，負責荷爾蒙分泌。不僅如此，由網狀結構等腦幹組織所傳導的警戒狀態和情緒變化，也受到眶前額葉皮質的直接影響。值得注意的是，眶前額葉皮質在大腦右半部的分布比較廣，因此這些調節功能有許多都跟受右腦影響的壓力反應機制有關。我們可以理解為什麼眶前額區域被稱為大腦的「執行長」了——因為它可以透過整合大腦的三大區域幫助保持身心平衡，並且協調整個身體的新陳代謝。

眶前額區域跟父母們尤其相關，因為它與大腦的許多方面有所連結，這對於心理和情緒的正常運作十分重要。除了透過自主神經系統調節身體以外，眶前額葉皮質還牽涉到情緒的調節以及情感理解方面的人際溝通，通常跟眼神接觸有關。在社會認知方面，也就是感受他人的主觀意識並理解人際互動的能力上，它似乎會連同前扣帶皮質及相關區域扮演關鍵角色。近期的研究還表明該區域對於道德行為的發展十分關鍵。眶前額葉皮質還跟反應的彈性有關，也就是接收資訊、想一想、考慮各種反應方式，然後做出恰當反應的能力。另外，人們還認為眶前額葉皮質對於自我意識和自傳式記憶的創造有關鍵作用。

眶前額葉皮質是邊緣系統最「高」的區域，也是新大腦皮質最「邊緣」的區域。它是腦幹自主神經系統訊號輸入的終點，負責記錄並控制身體機能。正因為它的位置特殊，因而在神經整合功能方面至關重要。從邊緣結構上來講，它是前額回路和前扣帶皮質的延伸區。前額區域能在眶前額葉的控制下，讓注意力跟個人、人際、身體和情緒各種複雜的處理過程組織在一起。又因為眶前額葉皮質和海馬迴相互連接，它能處理大量的情境及記憶認知圖譜，建立外顯自傳式處理過程。由於它與快速反應的情緒處理中樞——杏仁核也互相連接，因而有助於形塑我們的情感狀態。此外，眶前額葉皮質能幫助協調我們和其他人之間的相處狀態。因此，這個整合區域就成為了人際連結和內在平衡的大門。

要保持高層次路徑狀態，最低限度需要由前額的整合功能進行一系列的內部和人際處理，使大腦能夠達到彈性、穩定、可適應的運作狀態。所謂「共同結合」或許就像字面上所說的，必須仰賴大腦整合各方功能的能力。眶前額葉皮質與大腦的各主要區域息息相關，包括鄰近的前額系統內側（medial）、前扣帶皮質等等。因此，良好的眶前額葉皮質工作狀態，對個人內在和人際關係的發展具有關鍵意義。當前額整合功能停滯時，低層次路徑狀態就可能發生。前額葉皮質連同海馬迴和杏仁核的功能受損，已證實會出現在創傷後壓力症候群的病例中，但即使是較輕微的情況，只要有適當的壓力源和內在條件，許多人還是容易進入這種前額整合功能受損的狀態。杏仁核的情緒釋放過度，或者由下視丘所控管的壓力荷爾蒙分

泌過多，都可能導致這種情況。當這些低層次路徑狀態發生，它們會以內隱記憶的形式被烙印下來，進而更容易被啟動。換句話說，低層次路徑的神經訊號發射模式如果在過去發生時伴隨較強的情緒反應，就更容易再度發生。

在拳頭大腦模型中，你可以把手指環繞在拇指上來想像高層次路徑狀態。這個整合系統呈現出前額區域和邊緣區域、腦幹機制是如何連結的。把你的四根手指鬆開，就代表著缺乏連結的低層次路徑狀態，這時眶前額區域就不能繼續和其他邊緣結構執行整合及調節功能。由於不再和前扣帶皮質相連接，注意力機制、社交機制和情緒機制都陷入混亂。杏仁核的活動不再受到眶前額葉皮質的控制，產生過度恐懼、憤怒和悲傷的情緒，海馬迴創造的情境脈絡也會因為與眶前額葉皮質分離而喪失。不僅如此，控制油門和煞車的情緒離合器可能會失靈，使你陷入低層次路徑狀態。

假如眶前額區域受到某種損壞，或者暫時無法協調前扣帶皮質、杏仁核、海馬迴等相關部位的活動，那麼當事人可能會感覺與人疏離，或者自我崩潰。當原本抑制性的前額運作機制被釋放，就可能會導致出現本能反應，缺乏反應彈性。創傷經驗會損壞前額區域的神經整合功能，而它正是創傷情緒復原的基礎。情緒復原的過程可能牽涉到新的學習方式，讓我們重新獲得前額區域將身體、情緒、自省和人際經驗結合成一個連貫整體的能力。

低層次路徑與前額區域

低層次路徑是大腦較高層次的整合模式或「高層次路徑」關閉的一種運作狀態。這個說法的準確性證據何在？教師和治療師反映，教養者經常用「瘋掉了」、「抓狂」、「不知所措」、「崩潰」或「陷入泥淖」來描述這種時刻。這些主觀性描述揭露出一個人原本運作良好的大

腦會暫時發生改變。在這個受到改變的狀態，他們的內在訊息處理或外在行為都不再跟平時一樣。

> 通常父母會將他們的思考和感受描述為充滿「失控的」狂怒、恐懼或痛苦。他們會變得行為粗暴，漠視孩子的需求，有時還會造成生理上的傷害。

這些行為和心理運作上的變化是如何產生的？我們可以從關於大腦的研究中尋求一些有根據的說法。整體來說，大腦會以不同的回路分工合作的方式，進行複雜的運作。當神經整合受損時，大腦用於支援連貫思考的功能就被打斷。我們可以參考研究大腦整合功能的基礎臨床科學，了解大腦的功能是如何迅速轉向缺乏整合及適應性的狀態。神經整合的關鍵區域之一就是前額葉皮質。

美國神經學家梅蘇拉姆（Marsel Mesulam）對低層次路徑狀態的存在和前額系統的整合作用，提出支持的論點：「它們與杏仁核明顯是連結緊密的，這就表示眶前額區域靠近邊緣部位的部分可能在情緒調適方面具有重要作用……事實上，眶前額葉皮質受損可能會使得個人遇到問題時情緒失控，並導致無法正常進行判斷、思考和行動。」將這些發現和鄰近的前扣帶皮質的作用結合起來考慮，得出的結論就是，前額葉皮質中部整合區域受到的功能性損害，會對個人的內在經驗和外在行為產生嚴重的影響。

眶前額葉皮質和前扣帶皮質的功能連結，可能對創造具運作彈性的高層次路徑狀態有關鍵作用。眶前額葉皮質和大腦皮層、所有邊緣結構以至腦幹，都有著廣泛的連結。它管理自主神經系統（ANS）的運作，而ANS所控制的就是諸如心跳、呼吸和腸胃等生理機能。前扣帶皮質包括兩個組成部分，一個負責調節資訊流（「認知」區域），相當於注意力系統的營運長；另一個負責分析身體訊號，產生相應的情緒狀態和情緒表達（「情緒」區域）。德文斯基、莫雷爾與沃格特表示：「總的來說，前扣帶皮質對想法的啟動、動機和目標導向行為至關重要……前扣帶皮質和它的連結提供了結合理性和感性的機制。扣帶迴可被視為一個放大器和過濾器，它會將大腦的情緒和認知元素結合起來。諸如母嬰互動等複雜的社交活動都涉及到大腦組織的作用，而不是僅靠感覺運動的反射弧就可以完成的。這些互動中有一些還受到前扣帶皮質的影響，並受儲存在後扣帶皮質中的長期記憶所左右。」

研究發現，在前扣帶皮質由於大腦損傷而無法正常運作的情況下，會出現與低層次路徑狀態性質相似而程度更深的變化。德文斯基和他的同事注意到：「前扣帶皮質受損時，行為上會發生如下變化：攻擊性增強……情感遲鈍、動機降低……母子關係受損、不耐煩、更容易產生恐懼或驚嚇反應等各種不當的舉止」。根據猴子和倉鼠研究顯示，前扣帶皮質損傷會破壞母親照顧嬰兒的能力。臨床文獻中對於大腦受損的病人紀錄寫道：「前扣帶皮質和眶前額葉皮質同時受損所產生的社交後果是毀滅性的……（經過臨床試驗評估之後）在前扣帶皮質和眶前額葉皮質受損的情況下，影像認知理解與情緒自主表達之間會出現斷層……扣帶皮質和眶前額葉皮質對連結情緒刺激和自主性變化、以及受刺激後的行為變化，都具有十分重要的意義。」大腦前額系統中間部位的損傷，會導致情緒和社交功能出現持久而嚴重、但性質上跟低層次路徑相似的顯著變化。

發生在扣帶迴的癲癇現象，是提供臨床證據支持前額區域可能產生暫時性功能失常的神經性過程。扣帶迴的癲癇跟扣帶皮質神經訊號發射中斷有關，而且所引起的行為和主觀經驗改變，也跟我們所提出前額葉皮質功能短暫而顯著的變化會引發暫時性低層次路徑狀態的說法一致。德文斯基和其同事表示：「在正常情況下，包括用聲音回應情緒刺激等等行為反應，都是由前扣帶皮質和附近動作區域的回路協助產生。同樣地，感情狀態也部分受到前扣帶皮質的調節。」當前扣帶皮質跟它位於前額葉皮質中部的搭檔眶前額葉皮質共同出現功能障礙時，社交理解就會受到重大破壞：「前扣帶皮質受損所引起的急劇行為變化和其他損害也有關係。因此，在眶前額葉皮質同時受損的情況下，就會引起毀滅性的『社交失認症』。亦即如果這兩個區域無法正常運作，人際互動和理解就會受到嚴重破壞。」

儘管我們沒有且可能永遠不會針對低層次路徑的教養經驗進行腦部功能性磁振造影之類的明確研究，但是人類臨床研究發現以及靈長類和其他哺乳動物的研究資料，都揭露了一連串的情緒、社交、生理和自律功能的變化，而且這些變化都跟父母們提到在特定狀況下跟孩子互動時發生的問題極為相似。除此之外，針對創傷受害者所做的研究也證實，在受到創傷後，前額區域與杏仁核和海馬迴的連結部位會受損。儘管比起父母進入低層次路徑狀態的經驗而言，創傷後症候群、扣帶迴癲癇和大腦受損都是較極端的狀況，但壓力會暫時改變前額區域整合出更連貫、層次更高的路徑的能力，導致出現這些較長期而嚴重的臨床特徵。不僅如此，特定情況如創傷或失落經驗未得到解決、缺乏人際支持或其他壓力來源，也可能使父母更容易陷入嚴重的低層次路徑狀態。

以理解人類經驗為目的的幅合研究法（convergent approach），會利用這些科學發現提供一個觀點，讓我們明白腦中可能發生的狀況。這個觀點可以幫助父母深入了解自己的大腦在教養孩子時的運作過程，不再停留在「抓狂」狀態，不再為覺得自己是不合格的父母而感到罪惡和羞恥。相反地，我們可以發展出更慈悲的自我理解，並且明白重新進入高層次路徑狀態對於自己和等待我們這麼做的孩子有多麼重要。

CHAPTER 8

失連與修復｜面對親子衝突，怎麼與孩子好好和好？

父母在和子女溝通時，難免會經歷誤會、爭吵和衝突。

父母和孩子擁有不同的需求、目標和不同的計畫，因此容易造成親子關係緊張。

對父母來說，要做到引導孩子並與孩子保持距離，或許很難。

學會平衡自己的情緒，不在罪惡感和對孩子的憤怒情緒中搖擺，

父母會更懂得如何撫慰孩子。

想為孩子設定規範，卻讓親子關係更緊張？

父母在和子女溝通時，難免會經歷誤會、爭吵和關係崩解的情況。這種崩解就是此處所說的破裂。父母和孩子經常有不同的需求、目標和不同的計畫，容易造成親子關係緊張。有時孩子想熬夜打電動，但是你希望他們乖乖去睡覺，這種情況很可能導致設限型的關係破裂。此外還有許多其他關係破裂的情形，會對孩子的心理造成更大的毒害和痛苦，比如父母令孩子感到恐懼。儘管各種裂痕不可避免，父母仍然有必要保持警覺性，才能和孩子重新建立和諧、有益的關係。這種重新連結的過程就稱為修復。

為了修復關係，父母要理解自己的行為和情緒，以及它們如何造成親子關係破裂。未經修復的裂痕會造成親子之間的分離感加深。長期的分裂關係會引發孩子的羞愧感，對於他們自我認識的發展危害甚大。因此，破裂關係發生後，父母必須負起責任，即時與孩子重新建立連結。

我們的心智基本上會透過訊號的發送和接收，與其他人的心智進行連結。破裂的關係，尤其是由非語言訊息引起的破裂關係，將我們最根本的情感和其他人的情感分離開來。於是我們進入游離狀態，在其他人的心中再也感受不到自己的存在。我們感受不到理解，反而感覺被誤解且孤立無援。當我們和生命中重要他人的連結中斷時，我們在運作上很可能會頓失平衡和連貫感。我們生來就不是與世隔絕，而是需要互相依存，以得到情感上的幸福。

有時候，親子關係會變得十分緊張。父母不見得都喜歡自己的孩子，或者對他們抱持正向的態度，尤其孩子的行為對父母造成困擾時更是如此。學會體諒自己的情緒，可以讓你面對親子衝突時，採取更溫和、寬容的態度。有時候，父母會因為對孩子發脾氣而充滿了罪惡感，因此無法意識到或甚至去關心破裂的關係。不幸的是，這種罪惡感會阻礙關係修復，並且拉大親子間的距離。試著理解自己在此過程中的行為和思想，可以打開重新連結的大門。

父母可能很難在對孩子設定規範和界限的同時，提供合作性的溝通以及情感上的契合和連結。父母要如何做到這一點？我們可以努力在設定規範和建立連結之間達到平衡，卻無法盡善盡美。隨著父母學會平衡自己的情緒，不在罪惡感和對孩子的憤怒情緒中搖擺，他們會更懂得如何同時呵護並規範孩子。溫柔而同理地對待自己，可以幫助你不陷在自己對孩子所產生的情緒反應裡。

要防止關係受損，光靠理解是不夠的。有些問題無法避免，我們應該努力用幽默和耐心去接納自己，進而對孩子寬容、慈愛。不斷責怪自己的過失會讓我們在自己的情緒世界中無法自拔，也與孩子之間脫離了連結。**對自己的行為負責很重要，但是我們不該因為自己無法做到完美或不再進步而自責。**我們和孩子一樣，當時都盡力做到最好，也學著用更尊重彼此的方式進行溝通。無論我們如何貫徹為人父母的準則，在親子關係中，不可避免會產生誤解和傷害。任何關係都可能遭遇連結中斷的情況，與其因為過錯而輕視自己，不妨將這些時刻當作學習的機會，將精力耗費在探索恢復連結的方法上。

深呼吸，放輕鬆！因為我們一生都在學習。

週期型失連與良性破裂
——及時關懷，修復親子關係

親子之間的關係一直在改變。有時溝通是有彈性且和諧的，父母和孩子都覺得自己受到理解。這種相互理解的感覺非常好，當連結的經驗重複出現時，我們會感受到共鳴，為對方的存在而感到高興，感覺彼此相互包容。

但是這種理想的連結原本就無法長時間持續。不可避免地，美好的連結感也會有中斷的時候，這些破裂有很多種形式，在日復一日的生活中，父母和孩子在連結和獨處上的需求會來回波動，使生活中充滿這種連結與自主之間的緊張關係。有些父母會察覺到孩子的這種週期性需求並且給予空間，讓自然的分離狀態得以發生，然後在孩子需要親近他們時撥空陪伴。有時候，孩子對於連結的需求會為父母帶來困擾，因為父母想擁有自己的時間。然而，父母可能需要先把時間放在年幼的孩子身上，才能擁有自己的時間。大一點的孩子較能了解並接受父母有獨處上的需要，因為他們本身對連結和獨處的需要也有了較清楚的畫分。青少年則完全是另一回事，這個時期的孩子不願意和父母共處，多半會尋求與同儕之間的互動。

如果你需要獨處，直接告訴孩子就是最好的方式。與其忽略孩子或者責怪孩子「強迫」你花時間陪他，不如說：「現在我需要獨處，十分鐘後，我再說故事給你聽。」會是

更好的選擇。讓孩子知道你的感受和行為是出於自身的需求，而不是她的行為所致，孩子就不會認為自己被你拒絕。假如你無法清楚地看待自己的需求，可能會對孩子發脾氣，或覺得孩子「要求太多」，這對親子關係沒有幫助。

其他形式的破裂包括父母沒有接收到孩子的訊息以致產生的各種誤解。也許父母心裡在想別的事，所以沒有留意孩子想表達什麼；也許父母不能理解孩子傳達的訊號。通常孩子們不會明確說出心裡在想什麼，然而即使他們傳達的訊息模糊不清，還是希望父母能理解。父母可能會把注意力集中在孩子的行為表現上，而忽略了更深層的含義；也可能傳達了不一致的訊息，讓孩子感到困惑。父母也不見得都會說清楚自己的意思，孩子只好試著從這些矛盾的訊號中，解讀父母真正的意思。

日常生活中，我們和孩子經常發生這些良性破裂的情況。無論孩子是興奮還是難過，當他們的情緒激動起來，都代表渴望獲得理解。在這種情況下，即使是良性破裂，對孩子來說也特別痛苦。若要培養孩子的復原力和活力，我們應該學習及時用關懷的方式修復關係。

失連和破裂的類型

週期型失連	設限型破裂
良性破裂	惡性破裂

設限型破裂
——持續和孩子保持連結，重新調整情緒是關鍵

父母在生活中為孩子設立規範和限制，孩子會從中獲益。他們會透過父母設下的限制，明白哪些行為在家庭以及較大的文化環境中是合宜的。設限的行為可能會造成親子關係緊張，當孩子想要做某件事，父母卻不允許，就會產生設限型破裂。這時候，孩子會感到難過，覺得自己和父母的關係疏離。在這種情況下，孩子做出某種行為或者擁有某個物體的渴望，沒有得到父母的支持。親子之間缺乏協調的現象會讓孩子感到苦惱，孩子想要的，父母卻不能給。父母不可能永遠滿足孩子的需求，如果孩子在晚飯前要吃冰淇淋，每次去商店都要買玩具或者想爬到餐桌上，父母就有設限的需要。這些設限的經驗對孩子的意義重大，可以讓孩子培養健康的抑制感，明白他想做的事情並不安全或在家庭環境下並不合適。

孩子聽到「不」時，會覺得自己的欲望或行為是「錯的」，而父母可以幫助孩子將衝動重新引導到一個更適當且安全的方向。若想在設限的互動中持續和孩子保持連結，重新調整你和孩子的情緒是關鍵。你可以同理並反映孩子的渴求，但不要真正滿足他的願望，例如：「我知道你想吃冰淇淋，但是馬上要吃晚飯了，也許你吃完晚飯後可以吃點冰淇淋。」對孩子來說，會比只聽到：「不行！你不能吃。」好得多。

很多時候，同理和反映式的言論可以幫助孩子走出得不到想要的東西的失望。但是，即使父母給予最具支持性的回應，孩子可能還是會感到不高興並堅持滿足自己的需要，不管你說什麼或做什麼。在不懲罰或溺愛孩子的情況下允許孩子感到不滿，是讓孩子學會承受負面情緒的好機會。你不需要藉由讓步或試圖消除他的不悅感來修復這個情況。**讓孩子擁有自己的情緒，並且讓他知道你了解得不到想要的東西有多難過，是你在當下能為孩子所做最仁慈、最有幫助的事情。**

透過反思跟孩子溝通時不如人意或者難以克服的經驗，父母往往可以學會如何更有效地教養孩子。以下案例也許可以幫助你更了解在設限型破裂下的母子互動狀況。

早上七點半。媽媽在廚房裡邊做早餐，邊思考著今天該做的事。四歲的傑克像以往一樣好動，開始爬堆在冰箱旁的籃子。

「不要爬！那很危險。你爬上去做什麼？」媽媽問他。

「我想拿雞窩草。」傑克回答。

媽媽當然不想去管復活節彩蛋籃裡剩下的草絲，於是撒謊說冰箱上沒有雞窩草。傑克知道她在說謊，反駁：「上面有！」媽媽因為撒謊而產生了罪惡感，不情願地拿出雞窩草給兒子，問：「你拿這要做什麼？」傑克往餐廳走去，一邊扯出袋子裡的草。

「別把那東西拿出去。我不想弄得滿屋子都是。它會卡住吸塵器。」

傑克不理會她，直到媽媽嚴厲地叫他的名字，他才回到廚房。

「只是想玩扮家家酒。」他一邊說，一邊走到玩具廚房，把雞窩草一點一點「裝飾」在上面。

爸爸正在看報紙。幾分鐘後，媽媽看到傑克在「裝飾」早餐桌。餐墊、調味瓶上都蓋著一些綠色塑膠草。

媽媽覺得簡直是一團亂，而她還要收拾這些，便嚴厲地說：「別把雞窩草放在我的地方。」傑克充耳不聞，繼續「裝飾」她的地盤。

「今天不是復活節，大多數孩子根本不會碰雞窩草。」媽媽說。

傑克還是不理她。

「你不聽話了。」她責怪道。

爸爸想幫媽媽，便說：「你媽媽不想看到雞窩草。」但是傑克充耳不聞，還繼續玩。後來媽媽氣急敗壞地大吼：「把雞窩草給我弄出去！」爸爸則用嚇人的聲音喊著傑克。

傑克被罵了，很生氣，喃喃地說：「喔，好吧。」然後把桌上的雞窩草拿起來丟到地上。這挑釁的舉動惹惱了爸爸。他跳起來，想從兒子手中拿走剩下的草。

「夠了！沒有雞窩草了！」他吼道。

傑克哭喊著抓住袋子不放，大哭：「可是我照你說的去做了，我拿下來啦！」

隨著媽媽和爸爸試圖把雞窩草搶走，這個早晨也演變成一場吼叫大賽。他們都覺得這件事太蠢了。傑克很生氣，並且愈來愈憤怒。後來，筋疲力盡的父母做了一個無用的「妥協」，把雞窩草放進櫥櫃裡暫時「隔離」起來。

當天稍晚，趁爸爸媽媽都離開了，傑克把雞窩草弄得滿屋子都是。他告訴保母：「沒關係，媽媽說過可以。」

．換個角度看問題

那個早晨可以有什麼不同的結果？既然孩子不能玩雞窩草，一個明顯的解決方法就是把剩下的雞窩草收好，如果玩雞窩草不被允許的話，但事後諸葛誰都會。在溝通過程中，有許多其他方法可以讓情況往更正面的方向發展。以下列舉一些做法。媽媽可以老實說雞窩草的確在冰箱上，然後馬上設下限制。

「對啊，雞窩草在那裡，不過現在不可以玩喔。你可以先想一想吃完早餐後要怎麼玩。」

假如母親已經把雞窩草給孩子，取悅孩子並且撫平自己說謊的罪惡感，而來不及留意到接下來可能發生的麻煩呢？她可以先停止做早餐，在情況還沒更糟之前把話說清楚。

「傑克，這樣是不行的！我應該早點告訴你，吃完早餐才可以玩雞窩草。現在我要先收起來，你想想等一下在哪裡玩，才不會弄得一團糟。」藉由提前設限，她可以更有效地解決問題並且貫徹指令，而不會嚇到孩子或者讓孩子採取反抗的舉動。

我們可以想像在發展成更大衝突的情形時，做出不同選擇的景象。在這些情形下，父母可以有哪些不同的說法或做法呢？這個問題沒有唯一的正確答案，而是有許多可能的選擇。然而重要的是，與其用言語來回應或威脅孩子，父母不如採取行動。**正如我們所看到的，**

母親設定的界限過於模糊，傳達的訊息也不夠清楚，於是傑克不斷地得寸進尺，想知道到底怎麼做才是「夠了」。在此，母親給的訊號模糊不清，孩子想知道她到底是什麼意思，因此不斷地挑戰母親的底限。

重新考量這個情形、設想其他的選擇以及可能的結果，會是個很有趣的練習。或許你會想到自己對孩子發脾氣，又對結果不滿意的某個情況。試著去了解孩子為什麼會有這些反應，並且釐清你原本可以怎麼做，讓情況扭轉到好的方向。

我們必須自我檢核，才能知道自己心裡究竟想設下什麼界限、傳遞何種訊息。設定界限是尊重自己和孩子的方式，而在你發脾氣之前先設限，效果會更好。

設限的經驗對孩子的意義重大，可以讓孩子培養健康的抑制感，明白他想做的事情並不安全或在家庭環境下並不合適。

惡性破裂
——和孩子一起反思內在情緒經驗，有助於修復關係

跟情緒痛苦及親子關係斷絕有關的破裂情況，會對孩子的自我意識造成傷害，因而被稱為「惡性破裂」（toxic ruptures）。孩子和父母產生摩擦時，可能會感覺受到拒絕、孤立無援。當父母情緒失控，對孩子大吼大叫、辱罵或採取威嚇的行為時，就會產生惡性破裂。惡性破裂通常在父母處於低層次狀態時發生，當我們處於低層次狀態時，就不可能進行彈性、順暢的溝通。在各種關係中斷的情況裡，惡性破裂對孩子的危害最大，因為這往往伴隨著強烈的羞愧感。這時孩子會產生的生理反應是：胃痛、胸悶，迴避目光接觸。他們可能會感到沮喪、不願意與人來往、覺得自己「很壞」、有缺陷。

當父母有過去遺留下來或未解決的問題時，特別容易引起惡性破裂。父母會迷失在低層次狀態的深淵，即使他們辨認出惡性破裂，若沒有重新回歸自我，就無法修復關係。這種回歸過程通常需要父母停止與孩子互動。他們並不需要實際上跟孩子保持距離，但騰出心理空間回歸自我，對於父母冷靜下來具關鍵作用。假如父母停留在低層次路徑狀態，還持續和孩子互動，他們會更容易出現情緒反應，而未解決的問題會讓他們無法有效地教養孩子。

長期且頻繁的惡性破裂會對孩子的自我意識發展，造成嚴重的負面影響。這些破裂必

須以同理、有效且及時的方式進行修復，以免孩子的自我認同感受損。

一旦我們能平靜下來，反思當下的情況，就脫離了低層次狀態。任何父母都很難相信自己會傷害孩子或嚇到孩子，但是我們確實會這麼做。我們可能不願意相信自己失控了，而這種不情願會導致我們否定自己在和孩子破裂的連結中所扮演的角色。**我們有必要對自己的行為負責：修復的重要環節之一，就是認清自己在這段受損的關係中所扮演的角色。**

「對不起，你晚飯遲到，我沒聽你解釋就大吼大叫。那時天快黑了，我一定是擔心你可能發生了什麼事。我不是故意大聲說話嚇你，我真的氣壞了。我該好好聽你解釋，告訴你我在擔心什麼。」跟孩子一起反思爭執事件所造成的內在情緒經驗，對彼此都十分關鍵。這樣的做法有助於修復破裂，還能減輕孩子在接收我們失控、低層次行為時所產生的羞愧感。

親子之間反映內在經驗的對話和討論，會聚焦於引發破裂關係或因破裂關係所引發的心理因素。這樣一來，父母就能反映自己及孩子的內在經驗和反應，而最後的目標是雙方相互配合，父母和孩子都得到理解並相互連結，重新獲得尊嚴，並且對彼此感到滿意。

雖然我們應該盡力避免惡性破裂，但當它發生的時候，我們可以把它當作增加個人洞見及人際理解的機會。在修復過程中，孩子們會懂得，雖然有時候情況很糟糕，關係卻可以重建，而且伴隨的會是和父母之間全新的親密感。

跟孩子一起反思爭執事件所造成的**內在情緒經驗**，有助於修復破裂，
減輕孩子在接收我們失控、低層次行為時所產生的羞愧感。

你常因為怕丟臉，而無法同理孩子的情感需求？

——在羞愧狀態下↓過度關心他人的看法↓被對或錯的念頭左右

在惡性破裂的關係中，父母和孩子都會感受到強烈的羞愧感。感覺無法對孩子的行為給予正面影響，會讓我們突然湧現各種情緒，包括失望、羞辱和憤怒。伴隨著羞愧感，我們還會覺得自己充滿了缺點，這可能和我們的童年經驗有關。兒時受到誤解和不當對待的經驗，會在我們的腦海中扎根，形成破裂關係的心理模式以及防堵內在羞愧感的自動化反應。當我們情緒崩潰、陷入防禦心理，很容易進入低層次狀態而忽視孩子的需求。在這種狀態下，和諧有彈性的溝通通常是最遙不可及的事。

在羞愧狀態下，父母們會過度關心他人的看法，而被對或錯的念頭左右。如果孩子在公共場合的言行舉止不當，我們會更注意陌生人的反應，而不是試著理解孩子的行為有何意義，並且有效地引導孩子。在這種情況下，我們可能因為覺得丟臉以及無法同理孩子的情感需求，以至於更嚴厲地對待孩子。這些先入為主的想法會使我們很難注意到孩子發出的訊號，尤其難以抵擋那種被人評價為無能父母的感受。假如我們覺得自己不能像他人期望的那樣控制孩子的行為，就會開始為自己的無能而慚愧。對某些人來說，這種羞愧感可能會觸發過去遺留下來的問題，啟動舊有的固著反應模式。當一連串的防禦機制衝著羞愧感爆發，我們就會進入低層次狀態。

防禦機制是一種自動心理反應，它會藉由阻絕我們對某種混亂情緒的覺察，試圖保持平衡。在這個例子中，對羞愧感的早期適應可能包含一種防止我們覺察痛苦童年情緒經驗的防禦機制，這套防禦機制就是所謂的羞愧動力（shame dynamic）。當它被啟動，我們可能會被那些將羞愧感埋藏於意識之內的舊有反應模式所吞沒。這些反應不僅本質上長久存在，而且會在當下試圖防止我們覺察到可怕的羞愧感。

羞愧動力和所有的防禦機制不需意識或動機就會發生。我們複雜的心智會善用這些自動機制，以盡量減少會干擾日常活動的破壞性念頭和情緒。將這些動力帶進我們的意識中，可讓我們有機會更懂得如何生活和認識自我。

在惡性破裂的過程中，羞愧感對孩子有著關鍵影響。在這種情緒強烈的時刻，分離感會自動地、本能地引發羞愧狀態，這只是孩子在亟需連結和彈性溝通的時刻，對連結中斷所產生的自然反應。假如破裂關係持續下去，羞愧感就會轉為惡性，也就是說，會對孩子的自我意識產生不利影響。假如孩子與照顧者之間的連結中斷跟父母的憤怒有關，孩子可能會同時感到羞愧和羞辱。**這些感受會讓孩子們不願意和他人溝通，感到非常痛苦，並認為自己有缺點。僵硬的防禦機制因而發展，並會直接影響到孩童性格的形成。反覆、持續而又未修復的惡性破裂，會破壞孩子發育中的心智。**

假如我們在童年時期不斷地重複惡性破裂，沒有進行修復，那麼羞愧感就會在我們的精神生活中甚至意識之外占據重要地位。當我們的感受突然產生變化，或者和他人的溝通發生了急劇轉變，可能就代表羞愧防禦機制已經啟動。那些使我們感到脆弱無助的經驗，會觸動大腦所建立的防禦機制，保護我們不受到兒時痛苦的羞愧感所影響。這些防禦機制會持續到成年，進而影響我們對下一代的教養態度，因此反思是個重要的過程，它可以解開導致我們教養缺乏效率的那套複雜而迅速的羞愧動力機制。

溝通破裂的跡象可能微弱也可能巨大。在相對極端的情況下，破裂可能會引起孩子退縮或侵略性的反應。微弱的跡象可能是孩子看別的地方，或者逃避目光接觸。我們和孩子說話的語氣可能會改變，溝通的投入度也會降低，這些都是羞愧狀態的反應。在其他情況下，破裂關係可能會引起孩子和（或）父母只關注他們討論的一個特定面向，而非全然接納對方的溝通內容。在感覺不被傾聽的情況下，父母和孩子可能對自己的觀點更加篤定，導致連結中斷更嚴重。**暗藏在過去遺留的問題裡那些會導致連結中斷的主題，尤其容易在這種激動情緒湧現的時刻重新啟動，然後在父母迅速進入低層次路徑狀態時，阻礙進一步的溝通，於是就形成一個反饋回路：父母和孩子都覺得受忽略了，愈來愈不被對方傾聽和理解。**

修復

——最具挑戰性的教養時刻和問題，也是成長和復原的好機會

修復是一種互動的經驗，通常來自父母重新聚焦的過程。父母還處於低層次狀態時，想要進行修復是非常困難的。開始修復過程之前，父母需要時間重新進入高層次路徑。只有從這個充滿正念、重新聚焦的位置出發，父母才能開啟這個重要且必要的重建連結的過程。當父母正在氣頭上，或者以令人恐懼的方式和孩子中斷連結，孩子就很難主動嘗試和父母重新連結。回想連結中斷的經驗會引起羞愧感，在情緒高漲、亟需連結的情況下更是如此。因此，對父母和孩子來說，修復都會變得十分困難，而且常常被擱置下來。有些父母只想「熬過」這些不愉快的互動過程，然後像什麼事都沒發生過一樣繼續行動，這只會讓孩子覺得與自己的感受更加疏離。

即使你小時候經歷到父母無法修復的惡性破裂，你還是可以改變那股也許出於本能「只想忘掉它」的衝動。這種否認惡性破裂的做法，可能已經為你留下羞愧經驗方面的問題，但現在你有機會療癒自身的情緒問題，並為孩子提供截然不同的情緒經驗。那些最具挑戰性的教養時刻和問題，其實可以變成成長和復原的好機會，而非可怕的包袱。透過破裂和修復的過程，父母與子女可以建立親密感和復原力。

重新聚焦

——創造心理距離，停止互動，換個角度看問題

父母要如何重新聚焦，以便開始修復的過程？首先，很重要的一點是創造心理距離，以思考那些引發衝突的行為，有時候實質上的距離也是必要的。所有的破裂都無法馬上解決，人們需要不同長度的時間來分析事件和自己的感受，而停止互動非常關鍵。不要繼續想這件事，深呼吸並且放輕鬆，這樣做可以保持更加平靜祥和的心理狀態。做點需要花費體力的事以便轉換情緒，將那些受腎上腺素驅動的精力用在無害的事物上。讓你的身體動起來可以幫助你調整心情，並且換個角度來看問題。到戶外走走，接觸大自然，可以平靜你的大腦。喝口水、泡杯茶或者轉換環境，都可以幫助你從低層次狀態中走出來。

等你冷靜下來，思慮清楚了，再想想怎麼和孩子重新建立連結。不要太早這麼做，因為在心理的陰霾驅散之前，你很容易失控，也可能再陷入低層次狀態。在低層次狀態下，你可能會對孩子說出或做出一些日後會後悔、或者在高層次狀態下絕不會做出的事。如果可以，當你在低層次狀態時，不要和孩子接觸。在你的思考能夠抑制低層次狀態下的衝動之前，你的暴躁可能會透過你的手變成傷害的行為。如果你的憤怒透過某種具體形式表現出來，對孩子造成傷害，修復的過程就會更複雜、困難，卻也需要即時的處理。

等你回到了高層次狀態，要思考怎麼去接近孩子。想想你自己遺留下來的問題，思考在互動過程中是怎麼啟動它們的。**記住，你的焦點要集中在兩方面：你需要理解自己的情緒**

包袱，同時調整自己，去適應孩子的經驗和孩子給的訊號。只有關注這兩方面，你才能在孩子拒絕重新建立連結的情況下，避免再次陷入低層次狀態。要學會尊重孩子和你自己對時機的認知。

等你冷靜下來，調整好自己，思考一下你過去的問題。剛才的互動是怎樣啟動了你過往的特定主題？孩子的反應是如何觸動你的低層次反應？試著用孩子的觀點來看待這個互動過程。你覺得他在這個互動和破裂中經歷了什麼？我們很容易忘記孩子有多麼幼小和脆弱，導致他們經歷到的破裂更加強烈和令人恐懼。孩子在忍受長時間的連結中斷時，很容易產生被拋棄或難過的感覺，年幼的孩子更是如此。因此，我們應該盡快努力和孩子重新建立連結。

由於對自己的失控行為感到憤怒，父母往往不能努力進行修復工作。父母自身對孩子情緒的防禦機制，會讓他看不見孩子對重新連結的需求。**有些父母對自己的脆弱和對於連結的情緒需求感到厭惡，因而將他們的怒氣發洩在孩子身上。這樣一來，父母未解決的問題就會妨礙了修復進程。**

啟動修復機制

——關注你和孩子的感受是關鍵！

有效進行修復的關鍵在於關注你和孩子的感受。當你能夠理解這些，就可以開啟互動修復的過程。適應孩子的實際狀況對於重新連結很有幫助。年幼的孩子通常希望可以和你親近；年長一點的孩子則會覺得自己的領域被侵犯，希望你一開始可以保持一點距離。儘管孩子們也許不會主動和你重新連結，也不會主動提起破裂的話題，但是身為父母，你必須以尊重、同理的方式嘗試進行修復。氣質不同的孩子在低層次狀態或崩潰狀態下的表現也不一樣。有的需要長時間恢復；其他的則恢復得很快。一般說來，在父母主動進行連結之前，孩子是無法自行恢復的。

認識並尊重孩子處理關係破裂及重建關係的方式，而且抓對時機非常重要。如果在第一次嘗試後，你感到受挫，不要放棄，孩子希望和你回到溫暖正向的關係中。啟動修復是父母的責任，所以你應該再找個機會進行連結的重建。用中立的態度陳述破裂經過是非常重要的，別忘記前面提到的雙重焦點：「這樣的爭吵對我們來說都很難受。我真的希望我們能夠對彼此感到滿意。我們談一談吧。」雖然你們對這個事件的看法不同，但畢竟都經歷過同樣的連結中斷。如果你採取責備的姿態，就很難與孩子和解。

身為父母，應該對自己的行為負責，也有義務了解孩子的想法。

表達你希望重新連結的意願，並且了解彼此的問題後，先聽聽孩子的想法，不要質問他，控制你自己想要評斷孩子回應的衝動，只要傾聽就好。寬容孩子的想法，你不需要為自己辯解。在你告訴孩子，你在彼此互動中的想法之前，先聽聽孩子的看法。

記住，要和孩子一起回顧他在事件中的經驗，並且關心孩子的看法和其情緒所代表的意義。

當你開始談論破裂中的惡劣行為，像是大吼大叫、咒罵、丟瓶子等等，記得要告訴孩子，即使是父母也會崩潰、失去理智，每個人都會暫時「失控」然後恢復正常。孩子們需要了解這一點，才能理解他人、理解父母、理解大腦與惡性破裂的本質。如果不了解這一點，他們就不能連貫地理解這些可怕的破裂經驗。

由於年齡和性格差異，孩子對破裂和修復的接受度也不同。嬰幼兒對於惡性破裂尤其脆弱，無法理解發生的事。學齡前兒童對父母的低層次狀態和失控行為可能會感到困惑，也比年齡大的孩子需要更多安慰和非語言的連結。為了讓年幼的孩子理解惡性破裂，父母需要提供更多協助，比如採取角色扮演、玩偶、說故事和畫畫等輔助方式。年紀稍長可以進行對話的孩子可能會願意討論發生的事，並且願意探索父母的行為和自己反應背後的含義。

有效進行修復的關鍵在於關注你和孩子的感受。

當你能夠理解這些，就可以開啟互動修復的過程。

幫助孩子發展平衡油門和煞車的能力

——對孩子說「不」，但不能讓孩子喪失自我信念

我們和孩子的溝通方式，可以幫助他們學會控制自己的情緒和衝動。前面我們談到大腦前額葉皮質區有助於協調自我意識、注意力和情緒溝通等許多重要過程。前額葉皮質也在調節情緒方面扮演關鍵角色，這個區域的一部分與大腦的三大區域直接相連，並協調它們的功能：(1)新大腦皮層的高層次思考過程，比如推理和複雜的抽象思考；(2)位於大腦中央部位負責動機激發和情緒製造的邊緣系統；(3)下方的腦幹結構，負責吸收身體的資訊，並且跟直覺、睡眠週期調節、警覺系統等基本運作有關。

前額葉區域位於控制心、肺和腸胃等器官的神經系統頂部。許多研究者認為，這些器官發出的訊號會進入大腦，協助決定我們的感受。事實上，前額葉區域不僅接受生理系統發出的訊號，也是「首席執行長」，負責控制它們的運作。前額葉區域有「離合器」的功能，能夠幫助平衡油門和煞車的運作。前額葉區域會控制自主神經系統的交感神經（油門）和副交感神經（煞車）。當油門啟動，就會產生心臟加快、呼吸急促、腸胃翻攪的反應。當煞車啟動時，我們的身體則會產生相反的反應，而平靜下來。油門和煞車的平衡對於健康的情緒調節十分關鍵。

當我們因某件事而感到興奮，就會啟動油門；我們說不時，就踩下了煞車。你可以在家裡進行模擬實驗。請親友們坐下來，閉上眼睛，安靜地坐著體會自己內在的感受。現在，你清晰而緩慢地說五次「不」，然後稍待片刻，讓親友們留意自己的反應。接著，清晰而緩慢地說五次「是」，給他們一點時間，再詢問他們的反應。我們聽到「不」這個字，多半會感到沉重、退縮和不適；聽到「是」的時候，則會感到愉悅、開心或平靜。

「是」這個字會啟動油門；「不」則會啟動煞車。**在教養孩子的過程中，我們往往需要設定限制，因此「不」成了孩子經常聽到的字。在孩子週歲以後，這個字的出現頻率愈來愈高。十八個月大的孩子，對於探索周遭環境非常感興趣，此時孩子已經有能力將想法轉為行動。**不可避免地，孩子會對一些危險物品有興趣，而父母會制止孩子的探索行為。當我們設定限制時，就啟動了孩子大腦的油門，接著踩下煞車。理想的情況下，煞車停止孩子的行為，油門會鬆開，孩子就願意聽我們的話。

光就大腦運作來說，啟動油門後馬上踩煞車會引發神經系統反應，包括：逃避目光接觸、胸悶、失落感。這和羞愧感的特徵十分相似。「不」這個字所引發的羞愧感和其他惡性羞辱感不同，研究者稱為「健康的」羞愧感。孩子會透過情緒離合器的建立，學習控制自己的行為。情緒離合器位於前額葉皮質，可以在踩下煞車的時候關閉油門，將孩子的興趣轉移到合理的方向上。有時，孩子可以因此學會他們不能去做某些事，並且有必要重新分配自己的精力。

假如孩子沒有受限的經驗，用來培養反應彈性的情緒離合器可能會發育不全。不希望被認定為「壞父母」的家長，多半不願意為孩子設限，也無法提供給孩子重要的經驗。這會導致孩子的情緒離合器發育不全，無法有效地重新分配精力。**身為父母的責任之一，是幫助孩子發展平衡油門和煞車的能力，學會如何延後自我滿足的欲望，並調整自己的衝動。這代表孩子應該要學會接受「拒絕」，卻不能喪失自我信念；這些都是情緒智商的重要組成部分。**孩子喜歡亂丟玩具或爬上廚房的工作台，我們說「不」，就是踩下了煞車。為了幫助孩子重新進行為定向，同時滿足他們發洩精力和活動的欲望，我們可以告訴孩子：「你可以去外面玩籃子裡的球。我猜你一定可以把球丟得很遠。」或者說：「廚房的工作台不是用來爬的，你可以去外面爬鞦韆旁邊的小塔。從塔頂上，你會看得更遠。」現在，孩子感覺到你重新調整了他丟東西和爬上爬下的衝動，油門再度啟動，而煞車會關閉，讓油門重新引導孩子去做合理的活動。設定限制、清楚界定合理的行為以及提供指引，都可以帶給孩子重要的經驗，讓他們培養安全感。經歷這些重要的「不」，會提供孩子們發展自律能力的機會，允許他們踩下煞車，將精力移轉到其他方向。假如孩子沒有發展自律能力的機會，那麼情緒離合器就無法讓他們彈性地適應環境。在他們聽到「不」時，前額葉皮質無法啟動離合器並做出彈性反應，憤慨和怒氣就會爆發。接下來發生的崩潰和缺乏彈性的行為，會讓親子雙方都感到筋疲力盡。

父母可以幫助孩子們啟動情緒離合器，平衡他們的油門和煞車。要做到這一點，父母必須學習包容孩子在受到父母限制時，感受到的緊張和不舒服。假如父母無法包容孩子的負面情緒，孩子就很難學會控制自己的情緒。**當父母說出了設定限制的「不」字之後，最好平**

靜、清楚地和孩子溝通。如果我們總是為了避免孩子難過而讓步、滿足他的要求，就沒辦法教會孩子平衡煞車和油門的能力。老是跟孩子講道理並沒有必要，甚至不一定有幫助。如果我們只重視邏輯思考，就會進入無止境的爭論和交涉，孩子會覺得只要自己的要求是合理的，父母就得照著他的意思去做。有時候，單純地說「不行，我不能讓你這麼做」或者「我懂你的感覺，但是我不會改變主意」就夠了。父母沒有必要解釋所有的決定和舉動，並且期望孩子愉快地接受我們的看法。

當孩子被拒絕後，產生抱怨，我們對孩子大吼大叫，就會引發深刻的羞辱感。在這種惡性羞辱感之下，孩子會覺得和我們脫離連結、遭到誤解，覺得自己的行為是「不好」的，而不是被誤導，需要重新定向。如果孩子還感受到父母的怒氣，前額葉皮層可能會踩下煞車（在聽到「不」字之後），卻放任油門繼續加速（作為對父母怒氣的回應），這是有害的情況，就像開車的時候，同時踩下油門和煞車一樣。這種還踩著煞車，情緒離合器卻沒有成功地放開油門的結果，就是進入所謂的「幼稚暴怒」（infantile rage）狀態，這時大腦回路負荷過多，孩子很快就會進入低層次狀態。有時，這種超載的低層次狀態也會發生在父母身上。

設定限制、清楚界定合理的行為以及提供指引，
都可以帶給孩子重要的經驗，讓他們培養安全感。

為孩子設限，也要允許孩子自己做決定

談到破裂和修復的話題時，丹說了一個故事。

我答應帶十二歲的兒子去玩具店，他的遊戲機要再搭配硬體。那天，我唯一的空檔是在一個重要會議之前，我們只有半小時可以去玩具店。我對這個時間點感到有壓力且不安，原本應該把計畫延到另一天，但是我不想讓兒子失望，還是答應了。我們沒吃午餐就到玩具店，也找到了他想要的東西。當店員去拿這個價值二十美元的遊戲配件時，我兒子利用幾分鐘的空檔去看剛上市的遊戲軟體，有個剛推出的棒球遊戲軟體要價昂貴，但是他很想要。我本來就不打算在這裡多耗費時間或金錢，便告訴他：「我們該走了，而且那太貴了。」他想用自己零用錢裡的六十五美元和多做家事來補償，但我試圖讓他考慮買便宜一點的遊戲。我們從選擇遊戲、錢花得值不值得，以及他沒必要和朋友擁有一樣的東西等角度，針對這個問題進行爭論。

我肚子餓、壓力很大，一直想著待會兒的會議，而且很不高興他不知足，買了一件東西，還想要另一件。於是，我開始感嘆美國的生活充滿物欲，無法幫孩子建立正確價值觀。接著，又對孩子說教：「你看看，四十美元是很大一筆錢。花這麼多錢之前，你應該好好考

慮，要學會珍惜已有的東西，不能想要什麼就買什麼。這個星期你好好考慮，如果下週末你還想要買，我再帶你來。你可以用自己的錢買。」

「我的錢在家裡，而且我想清楚了。我想要這個遊戲，也有足夠的錢，你不能不讓我買。」他說。

我聽到他語帶威脅，便嚴厲地說：「不准你買！回去！」

他回了一句：「好。回去以後我跟媽媽說，她肯定會帶我來買。」

「她不會。」

「她會，你看著吧！是她在做決定，不是你。她一定會帶我來買。」他反駁道。

我懷疑地說：「不！她才不會。你媽不會讓你做這種事。」

「她會的。」他輕蔑地說，「她會馬上開車帶我來。」

「夠了，馬上閉嘴。不然剛才買的東西也不給你了。」

「我會告訴媽媽，你有多壞。她肯定會帶我回來。」

「你再說，我們就不買了，直接回去。」

「好啊！反正媽媽會買給我。」

我把遊戲配件扔在櫃檯上。當下，我崩潰地說：「那就這樣啊！現在就走。」我氣沖沖地走向車子。回去的路上，他哭著說我太敏感了，以後他肯定會出其不意地報復我。

他的威脅把我逼瘋了，於是我火速進入低層次狀態，開始罵孩子，還告訴他接下來十個月，不准他玩遊戲。

一回到家，他跑去告訴媽媽說我罵他、對他很壞，然後求媽媽帶他回玩具店。

然後，我們各自回房。我的怒氣高漲，我知道自己現在無法把事情看清楚，而且控制不住怒氣，我真的需要冷靜下來好好調整自己。我深呼吸幾次，來回走動試圖驅除身體的緊繃。當時我在考慮，到底要把禁制令延長到明年，還是乾脆拿走他的遊戲機。後來我冷靜下來，開始思考兒子的想法和這個破裂的連結。我們早上玩得很開心。我興致勃勃地要幫他買這個配件。然後我想起了他說起新棒球遊戲時的表情。他很興奮地告訴我遊戲的特色，說這個遊戲肯定很好玩，他會教我，我們可以一起玩。我想起自己一直掛念即將要開的會，而且很高興我有時間可以跟他一起去買遊戲配件。我沒有預料到要多花四十美元，雖然是他自己出錢。我給了他混雜的訊息。如果他可以買比較便宜的遊戲，為什麼不能自己出錢買個更新、更貴的呢？這確實不合邏輯，而且他也知道，當時跟我這麼說過。

但是我當時聽不進他的話。當他威脅說媽媽會站在他那一邊時，我徹底進入低層次狀態。而當我無視他的自主權（畢竟那是他自己的錢），他又拿媽媽來頂嘴。

真是個惡性循環。我沒有注意到這些信號的情緒意涵，只是把注意力放在外部因素上：他被「寵壞了」，對剛到手的遊戲配件不滿足，還吵著要買新的，不肯接受我設下的合理限制，相當不尊重我。

設限可以幫助孩子學習忍受失望、做出彈性的回應，使他們的情緒離合器平衡地運作。另一方面，我們也要允許孩子自己做決定，從錯誤中得到教訓。雖然我限制孩子買東西是完全合理的，但卻沒有體諒他的難過；而孩子威脅要去「告訴媽媽」，也讓我的情緒失

控。於是，我再也無法有效地教養，變得歇斯底里，用無效的教養行為和不當的言語怒罵孩子，完全沉浸在低層次狀態。

・換個角度看問題

是我自己同時踩下了油門和煞車，所以無法繼續「駕馭」我的情緒。我沒有去了解孩子對遊戲的興奮情緒，因而觸發了他自己的油門—煞車超載狀態，然後開始報復我；而我的反應是以牙還牙，後果就是我們不能進行有效地溝通。

思考了整個過程後，我想和孩子重新建立連結。我到他的房間，坐在床邊的地板上，他坐在床上哭。我告訴他，我很抱歉跟他吵架，我想與他和好。他只是把頭轉開，但沒有再哭。我告訴孩子，爸爸說錯話了，我想和他一起弄清楚到底發生了什麼事。他告訴我，他想要那個遊戲很久了，只有我不知道這件事，還說我應該讓他買。我告訴孩子，我對這件事的看法，還有當時我分心了，想著其他事情。我現在知道他很喜歡那個遊戲，當時我因為個人因素而忽略了他的感受。我為責罵他道歉，並且告訴他我的情緒失控了，要他十個月不能玩遊戲實在太過分了。

我跟他說，現在我理解了也尊重他用錢的權利。我還指出，他無視我設下的限制，威脅說要找媽媽並「報復」我，這種行為會為爭執帶來什麼後果。我說我理解他的憤怒，儘管如此，他還是太過分了。當然，我也做過頭了。

我說我會跟他媽媽談一談，設法解決這件事。後來我們決定取消對孩子的懲罰，把所有的購買行為延後一個星期。那天稍晚，我們為了釐清事件經過，召開家庭會議。我和他複述了在玩具店鬧翻的事，而在交換身分進行角色扮演後，我們發自內心地破涕為笑。孩子模仿我的樣子簡直是唯妙唯肖。

教養練習題

1. 小時候，你和家人經歷了什麼樣的破裂？你的父母是如何處理這些破裂的？你有什麼感受？這個過程如何改變了你們的關係？
2. 回憶你和孩子發生惡性破裂的例子。發生了什麼事？你有什麼感受？孩子有什麼樣的反應？你有什麼未解決的問題被啟動了嗎？你是否能從這件事中提取任何和孩子和睦相處的模式？當你處於低層次狀態時，對你的內心和行為有什麼影響？你是怎麼從低層次狀態中恢復過來的？
3. 修復過程中哪個面向對你來說最具挑戰性？是什麼幫助你辨別低層次狀態並從中解脫？連結中斷時，你能不能感覺到？你會怎麼讓自己從惡性互動中脫離出來？你如何重新建立連結？羞愧感在失控狀態中扮演什麼角色？
4. 怎麼做才能自我修復？什麼防禦過程可能讓你意識不到羞愧感？想一想，小時候有什麼事情讓你經歷了失連和羞愧。讓過去的問題浮現，認清它們，並學會放手，你會從自我反思中獲益。

連結與自主之間的緊張關係

——複雜的系統和心理健康

生命的複雜性

許多關於人類經驗本質的研究，都在探索連結與自主之間的緊張關係，其陳述充分呈現了個體在面對人際關係時，如何試圖保持個體的完整。發展研究（developmental studies）揭露了我們從嬰兒期開始在個體與群體之間的掙扎。青少年時期，我們面臨的任務是遠離父母尋找自我認同，以及尋找新的處世之道。與此同時，我們愈來愈關注同儕的世界，而青少年文化也讓我們的世界變得更豐富多采。如同一個青少年所說的：「我必須穿這樣的褲子，才能和那些試圖和別人不同的人一樣。」但是我們所說的關係緊張並未隨著青少年時期過去而消失，成人也經常會在群體承諾和獨處時間之間掙扎，儘管程度較輕，但主題卻是一樣的。

為什麼會發生緊張關係？我們已經知道孩子們（也許所有人都是如此）會在連結和獨處的需要之間反覆搖擺。為了加深我們對此複雜問題的理解，我們有必要了解複雜系統。這個被稱為混沌理論、複雜理論或「複雜系統的非線性動力學」的觀點，是數學上用於解釋雲系、人腦等複雜系統如何跨越時間組織運作過程的理論。在這個小節裡，我們會對複雜系統進行簡單的了解，並且點出一些跟理解教養孩子和親子關係特別有關的原則。

為什麼雲的形成如此令人驚奇？為什麼這些水分子不在大氣層中隨意分布呢？或者說，為什麼它們不排成一列蒸氣橫跨天空？深受這些問題困擾的科學家們，利用機率論探討各種可能性。為什麼雲和其他複雜系統會按照軌跡或路徑在時間的長廊中行進？數學方程式為此

提供了許多理由。複雜系統是一個開放系統（從自身外部吸收進行中的資訊，比如陽光，或者其他人給的訊號），並且擁有多層結構可以產生混沌行為。人類的思考和大腦在複雜程度上符合這些條件。

簡單來說，複雜系統內部的相關物理元件擁有自我組織能力。自我組織能力決定系統在時間中流動的狀態，亦即系統元件的位置或活動。以雲為例，便是指在特定的時間點上，分子所處位置和運動的狀況；以大腦來說，則代表哪些神經組織在發射訊號。以心智來說，則表示訊息和能量的流動方式。以下是這類自我組織系統的特點：

- 自我組織——系統趨向複雜化。
- 非線性——系統輸入訊號所產生的細微變化，可能引起系統日後巨大而不可預測的變化。
- 循環性——經過一段時間後，系統往往會進行反饋反應，以增強進行的方向性。
- 制約性——內部和外部制約這兩大主要因素，往往會影響系統路徑。
- 狀態——系統會藉由進入存在狀態或啟動狀態，跨越時間進行移動，而且有些狀態比其他狀態更可能進入。內外制約都會影響特定狀態的產生：

1. 吸引狀態意指由於自身特性而比較容易發生的狀態；
2. 排拒狀態是指由於自身特性而不容易發生的狀態。
3. 狀態間的切換通常和系統運動的混亂和重置有關——這種變化屬於過渡狀態。
4. 當系統結構發生奇怪變化或不穩定，特殊吸引狀態發生的機率就會增加。

心理的健康性和複雜性

關於複雜理論的進一步應用，則跟心理健康和情緒健康有關。複雜理論認為，最穩定、靈活、適應性最強的狀態，發生在自我組織趨向複雜化的過程之中。想具體解釋何謂複雜化，是件很困難的事，因此我們將從極端角度出發，來解釋非極端的問題。其中一個極端狀況是同化、僵硬、可預測性和完全的秩序；另一個極端則是變化、隨意性、不可預測性、不規則和混亂。而複雜化就在這兩個極端之間。

複雜化的概念可以透過唱詩班的例子加以說明。假如所有成員都用同樣的方式唱同樣的音符，就會發出僵硬、無趣的巨大聲響。假如唱詩班的每位成員都各自獨立，各唱各的調，就會產生雜音和混亂。複雜化是這兩個極端之間的通道，意味著和諧。人們在主觀上會感到兩個極端不是無趣就是令人煩躁。而當系統能自然而然地進行自我組織，往複雜化方向發展時，便會產生豐富的、活躍的、充滿生機的複雜感，帶給人精力充沛的感覺。

這種狀態不僅充滿生命力，同時在複雜理論之下，這種自我組織變化應該是最穩定，最具適應性，最靈活的。這對於心理健康來說是個非常棒的實用定義！

大腦的複雜系統要如何才能獲得這樣的變化呢？首先，它會自然而然地朝向複雜化發展，產生一股向健康狀態發展的自然推力。這可是個好消息！療癒的前提是釋放那個自然、先天固有的過程。使大腦無法趨向複雜化的經驗和狀態，可以說是在對系統「增加壓力」。處於壓力之下的系統往往會偏離複雜化而向極端方向發展：變得僵硬，或者一片混亂。

當我們用這樣的觀點來解釋我們的大腦，就可以從嶄新的角度理解平衡功能。當大腦處於健康的運作狀態中，能量和資訊都會以不斷演進的方式向複雜化的最大程度發展。終生學習，就是樂於接受變化狀態的例子之一。然而，有時候大腦感受到壓力，能量和資訊的流動就進入不健康的「吸引狀態」。進入充滿羞愧感的退縮狀態，就是偏離複雜化而進入僵硬狀態的例子。另一種可能則是感到憤怒，這時我們會思考混亂。退縮和憤怒都是我們的大腦系

統從和諧的複雜化中遠離的體現。

連結與自主之間的複雜緊張關係

有了剛才所說的這些原理，我們就可以從新的角度來看待連結與自主之間的關係。毫無疑問地，人類大腦是個開放的系統（從自身內外吸收資訊），並且能夠產生混沌行為——有時候這種能力甚至有點太過火了！大腦是個動態、複雜的系統，受到內部及外部因素的制約。其內在制約可以理解為大腦神經的突觸連接。這些突觸控制能量和資訊在腦內的自然流動，從而產生心理活動。而外部制約則可以看作我們與其他人的關係。用大腦術語來說，所謂的關係，涉及到能量和資訊在個體之間的傳遞。換言之，人際溝通是一種外部制約，同時也形塑大腦系統。

當我們需要連結，我們會專注於利用外部制約以調整大腦這個複雜的系統。大腦的建構方式是依靠於外部的社交輸入來調節自身的運作。在人生的早期階段，嬰兒需要和照顧者建立連結，以組織大腦的功能，使其正常發展。這種現象被稱為「二元調控」（dyadic regulation），原因在於雙方（孩子和父母）的互動能使孩子的大腦達到平衡或進行調節。

> 孩子和照顧者的互動能夠幫助孩子的大腦發展新的神經結構，從二元調控朝向更加複雜的自主調控形式發展。

大腦的自主調控結構包括前額葉皮質中部的整合區域、眶前額葉皮質和前扣帶皮質等等。這些區域會從人際溝通中獲取來自社交世界的資訊，並利用這些資訊來幫助調節資訊流

動、情緒處理和身體平衡。前額區域的基本管理功能是控制社交、認知、情緒和身體這四個元素之間的連結。

舉例來說，人際互動使得眶前額葉皮質區域能夠調整自主神經系統的兩個分支。交感神經分支（油門）和副交感神經分支（煞車）直接受眶前額葉皮質的影響，這種情況在右腦尤甚。右腦會觀察並處理來自他人的非語言信號，此一現象之所以重要，是因為右腦會使用這種資訊形式來連接人群和個體。身體功能和情緒、認知和社交功能的連結，揭示了我們大腦系統這個社交性、具體性的存在體所提供的最終整合過程。

擁有高適應性的自我調節能力，自主神經系統的兩個分支才能靈活保持平衡。這樣的情況可以視為複雜化的最大程度，因而能夠保證自我組織的適應力和穩定性。而當這種情況出現不平衡時，系統則會偏離複雜化，而往極端的方向運動。假如交感神經的油門功能過度活躍，個體就會產生行為衝動，並進入過激而混亂的狀態，亦即我們所說的憤怒和失控。當副交感神經活動過度時，個體則會進入封閉狀態，導致思考僵硬和情緒癱瘓，並藉由明顯的絕望及憂鬱狀態反映出來。這種情況還存在於油門和煞車同時作用的狀態之下，也就是幼稚暴怒的「特殊吸引狀態」。這些各式各樣的不平衡狀態可能起源於個體與社會環境的互動，也可能由過去的經驗引起的個體脆弱所致。這些脆弱存在於記憶之中，直接影響我們自我組織的模式。

外部制約（即人際關係）使孩童得以發展調節情緒的能力，並學會仰賴內部制約（神經連結所產生的神經結構和功能）。大腦中內外調節過程的平衡應該是由我們的前額區域所控制的。在一生之中，我們都在對於連結和獨處的需求中來回循環。外部和內部制約影響著我們大腦這個複雜系統的路徑，而我們正是依靠它們來進行自我組織。

分化與整合的平衡

我們該怎麼用實際語言來解釋趨向複雜化的路徑呢？幸運的是，我們可以將複雜理論轉化成不那麼抽象、更加易於接受的概念。從數學的角度上看，複雜理論源於這樣的想法：當系統能夠平衡兩個相互衝突的分化過程（特定的組成部分）和整合過程（即由各個組成部分構成的一個功能性整體）時，就能達到複雜化。舉例來說，假如我們觀察的系統是一個個體，就可以考慮大腦回路是怎樣分化、又在神經整合過程中在功能上連結為一體。不同組成部分的整合會使系統趨向最大複雜化。我們稱這些具有高度適應性，靈活性和穩定性的狀態為安適感。

複雜系統的概念可以運用到任何層次的分析過程中，包括關於個體、配偶、家庭、學校、社區、文化，甚至全球社會的研究。尊重這些社會群體中的個人獨立性和獨特性，可以達到分化的目的，而共同將這些個體建設為一個功能上相互連結的整體，則可以達到整合。而當分化與整合達到平衡時，複雜化和安適感才能實現。

我們可以利用複雜理論的角度來理解人際溝通。和諧的溝通要求雙方互相尊重對方的獨立性，並且將兩個分化的自我進行整合。也就是說，個體之間要有整體感和參與感，這是解決連結和自主之間緊張關係的理想方式。針對安全型依附親子所做的研究證明，這種最大複雜化的施與受需要每個人的溝通和參與，但是任一方的反應向來無法完全預測。在這種二元的共鳴形式中，雙方的連結是靈活適應、充滿活力的。

有些家庭可能會出現遠離這種活潑、複雜的連結和個體關係的情況。其中一個極端，就是個人被否定的「受困」家庭。每個人都必須喜歡同樣的食物，採取同樣的行動，擁有同樣的觀點。分化性嚴重減弱，因而限制了家庭系統的複雜化（和活躍性）。反過來，有些家庭則缺乏整合性。家人不會一起吃飯，沒有共同喜好，也沒有一起活動。他們的交談顯示，家人

對彼此的生活都缺乏興趣。高度分化的個人可以在沒有參與感的情況下，各過各的生活。由於沒有整合因素可以跟分化平衡互補，這些家庭系統的複雜化也大打折扣。上面所說的兩個極端都是系統受到壓迫的例子。

在健康家庭的日常生活中，家人之間難免會出現關係破裂，但這種破裂卻能夠透過複雜理論的觀點得到理解。一旦破裂產生，就會打破充滿活力、相互連結的狀況，大腦就可能進入混亂或僵硬的狀態，而溝通者雙方的整合關係會破裂。有時候，當我們感覺受到侵犯，或者對滿足對方期待感到有壓力時，也會產生破裂。可以說，這種溝通體現了對個人差異的不尊重和對過度整合的強求。另一個極端可能是，雙方都期待進行整合，但卻忽視了對方發出的信號，個人則陷入無整合的過度分化狀態。這種隔絕狀態下，當個體感到需要進行連結時，就會依靠自主系統的自我控制功能。任何一種連結中斷都可能導致個體遠離複雜化，系統受到壓迫，並進入僵硬或混亂狀態，無力進行自我組織的平衡。

隨著時間流逝，人們能夠培養適應能力，有時又稱為防禦模式。換個方式來看，就是指當受到侵犯或者孤立時來自大腦的反應方式。

當成人變成了父母，他在童年家庭生活中所養成處理自主和連結關係的模式，就會在新的環境下被啟動。

在父母和孩子建立親密關係的過程中，可能發現自己在面對和過去相似的情況下，會採取過往的反應模式，因而感到不知所措。找到方法解決這種普遍存在的緊張關係，學會如何在自主和連結之中、分化與整合之間移動，將是所有人一生的課題。

CHAPTER 9

同理與反思性對話

發展心智直觀能力，以身作則，讀懂孩子的心

父母要為孩子提供自己的人生經驗，幫助他們發展思考能力。

同時，父母也是孩子的學習對象，孩子是透過觀察和模仿父母的行為來學習。

如果教育孩子只是講道理這麼簡單，那就輕鬆了。但是，孩子並不是透過傾聽來學習，而是透過和父母朝夕相處來了解我們所珍視的事物。孩子會觀察父母，就是想藉此了解父母。

孩子會觀察父母，也藉此了解父母

——培養孩子的同情心和同理心

身為父母，我們不僅為孩子提供人生經驗，幫助他們發展心智，同時也貢獻我們自己。孩子會透過觀察和模仿父母的行為來學習，如果教育孩子的方式有效，那就輕鬆了。孩子會透過和父母朝夕相處來了解我們所珍視的事物，而不只是透過我們的話語。我們是什麼樣的人、個性特質如何，都會透過生活方式和決策風格表現出來。不管我們如何反省和深化自己的思想，行為模式還是會透露出我們真正的價值觀。孩子會觀察父母人格的外在體現，並且記憶、模仿，進而重現這些處世方式。

「照我說的去做，別照著我做」，這句老話只不過是父母一廂情願的想法。孩子會觀察父母，就是想藉此了解父母。

性格發展來自社會經驗塑造內在構成特徵的方式，我們希望孩子養成什麼樣的性格？假如我們希望孩子富有同理心、懂得尊重及關心自己、他人和周遭的世界，我們就要採取有助於培養同理心的教養方式。我們和孩子進行連結的方式，可以培養孩子的同情心和同理心。當一個人充滿愛心、能夠理性思考，享受生活並和他人發展健全關係，就更能在群體活動中發揮個人天賦，成為活躍的一員。想幫助孩子培養同理心，為人父母者該怎麼做呢？

父母用心扮演自己的角色

——有意圖、自我覺察的態度，鼓勵孩子認識自我

父母用心扮演自己的角色是個很好的開始。沒有一本書或一位專家能為親子相處中的各種情況，提供標準答案。與其一味仰賴技巧，父母可以學習怎麼和孩子相處，進而培養他們的同理心和同情心。

這種相處方式扎根於父母慈悲的自我理解之中。當我們開始用開放而自我支持的方式認識自己時，就在鼓勵孩子朝認識自我的道路上踏出一步。這種有意圖、自我覺察的態度，是一種富有意義與正念的教養方式。

充滿正念的自我認知是如何提升同理心的？兒童發展學以及最近的神經生物學研究證明，大腦功能的三個面向：心智直觀（通稱「心智理論」）、自我認識（自傳式記憶）和反應彈性（執行功能，與計畫、組織和延遲滿足的能力有關）共同決定了我們的成長。這些較高層次的思考過程，能讓我們在遭遇困難或陷入窘境等情況下，進行縝密思考並做出反應。

要在行為過程中保持彈性，我們必須擁有健全的執行功能，並且有意識地控制自己的行為以及做出決定。擁有執行力，能夠關心他人和認識自我，會讓我們表現出同理和同情的行為。能夠培養心智直觀、自我認識和執行力的孩子，較能有意識地選擇自己的行為模式。

父母該怎麼發展孩子這方面的能力？許多研究顯示，透過角色扮演、講故事和孩子談談情緒對行為的影響等互動方式，父母可以主動提升孩子理解自己和他人內心世界的能力。

心智直觀
——發展孩子的心智直觀能力，學習理解他人

心智直觀是指觀察並理解他人的內心感受，讓我們可以給予同情反應、表達理解和關心的一種能力。要做到為他人著想，我們需要在察覺自己內在經驗的同時，想像他人的內在世界，這個過程會在我們的大腦中創造出他人思考的圖像。

發展心智直觀，能讓孩子預測並解釋他人基於什麼想法做出什麼行為。在發展的過程中，孩子會建立一種模型，意識到他人的行為背後都有個動機。藉由理解他人的想法，孩子可以理解自己所生存的社交環境及其中發生的行為。這種理解從嬰兒能夠辨別生物和非生物時，就已經開始發展。孩子很快會掌握人類互動的基本原則，建立他們對偶發事件、相互關係、溝通、共同注意力（shared attention）和情緒表達的預期能力，而這些互動經驗會不斷形塑他們對人類心智運作方式的理論。

「心智直觀」（研究者又稱之為讀心、反映功能和心智化）能讓孩子「看到」他人的想法，因此我們用「心智直觀」一詞來稱呼這種重要的能力。一旦我們可以看到他人的心智運作，就能理解對方的想法和感受，並給予體諒。透過心智直觀，我們可以進行同理想像，將自己和他人生活裡的事件意義納入考慮。同理想像使我們能夠理解他人的意圖，並且做出彈性決策，判斷那些行為適合某種社交場合。心智直觀不僅讓我們了解他人，也能讓我們深入了解自己的思考。

科學家指出，人類的心智直觀能力與語言習得和其他更高階的抽象思考能力緊密相關。語言和抽象思考能夠開拓我們的視野，讓我們超越眼前的物質世界，創造並控制心智圖像。一個正常嬰兒生來就擁有心智直觀，但此一認知能力的發展會受到童年生活經驗的影響。心智直觀似乎取決於一種用來建立連貫性的心智歷程，而此歷程與大腦右半球和前額區域的整合有關。至於童年經驗如何塑造大腦的整合區域，讓心智直觀得以發展，未來的調查研究或許能提供相關資訊。

心智元素

——理解創造內在世界的基本心智元素，對親子之間的對話有益

和孩子進行反思性對話可以培養孩子的心智直觀能力。如果父母能夠理解創造內在世界的基本心智元素，會對親子之間的對話有所助益。這些元素包括思考、感受、感覺、知覺、記憶、信念、態度和意圖。以下大略說明其中一些心智元素。

理解心智（knowing minds）

同情心（compassion）	和他人共同感受、產生悲憫和仁慈的能力。同情心是指關心他人痛苦難過的情緒，它可能取決於鏡像神經元系統，該系統會激發我們的情緒狀態來反映他人情緒，讓我們感受對方的痛苦。
同理心（empathy）	理解他人內心的經驗；對另一個人或對象的感受的意識投射；共鳴性的理解。這是一個複雜的認知過程，跟想像他人的心智能力有關。同理心取決於心智直觀的能力，受大腦右半球和前額區域的控制。
心智直觀（mindsight）	「看見」或想像自己或他人心智的能力，使個人能夠在思維過程中理解其行為。此思維過程的同義詞還有「心智化」、「心智理論」、「讀心」和「反映功能」。
洞察力（insight）	觀察及辨別的能力，產生認知的前提。洞察力與個人自省能力結合時，可加深自我認知。洞察力本身並不隱含對他人產生同情心或者同理心的能力。

反思性對話（reflective dialogue）

反映內在思考過程的對話。反思性對話集中於思考、感受、感覺、知覺、記憶、信念、態度和意圖等過程。

思考

思考是我們用各種方式處理資訊的過程；通常是在無意識的狀態下進行。我們可能會透過文字或圖像意識到自己的觀點。為了和他人更流暢的溝通，我們必須理解文字和圖像背後的深意。

基於文字的思考是由左腦運作模式所創造的。左腦運作模式是一種線性邏輯分析模式，用於理解因果關係。左腦模式會評估是非對錯，而且不大容許模稜兩可的資訊。矛盾資訊在這個模式下無法得到妥善處理，而且衝突的觀點很快會被過度簡化，以便解決問題並找出符合左腦邏輯的解答。非語言訊號和社交世界的情境屬於大腦右腦管轄範圍，在左腦的邏輯思考模式之下經常受到忽略。

當你回顧自己和孩子的思考過程時，請牢記這些左腦模式的局限，我們內在世界和社交世界的許多語言，都可以用其他方式來表達。右腦運作模式和左腦模式完全不同，雖然常常受到忽視，但或許正等待機會得到人們的肯定和理解。右腦模式的思考表現為一連串非線性、非邏輯的圖像和感覺。儘管這些重要歷程很難用語言表達，卻能夠為我們提供訊息，讓

我們了解自己的感受和記憶，並且在生活中創造意義。

嬰幼兒主要受右腦控制，因而需要跟父母進行非語言溝通。學齡前兒童的大腦左右半球都會參與運作，但連接左右半球的胼胝體組織仍尚未成熟。這段期間，兒童開始學習用語言表達感受。在經過小學階段甚至更長遠的時間之後，胼胝體會逐漸發育成熟，擁有更高的整合能力。到了青少年時期，大腦會進行重組，以深遠的方式改變思考的本質。

感受

我們的內在主觀經驗充滿不斷起伏的大腦能量和訊息。感受（feeling）是我們對內在情緒的自我意識，為我們揭示了大腦內部有意識的感受。當這些初始情緒進一步發展，我們的大腦會賦予意義。意義和情緒在同一過程中緊密相連。

有時，我們的初始情緒會發展成不同類別，包括悲傷、憤怒、恐懼、羞恥、驚喜、歡樂和厭惡等。我們能夠感受到這些複雜的、強烈的、通常還是外露的情緒，並且用文字為它們貼上標籤。然而，過度注重情緒類別及文字標籤可能會妨礙我們看見自己或孩子經驗背後的深層意涵。

反思性對話關注心智元素，包括以初始情緒的形式體驗到的重要感受。和孩子們討論他們關心什麼、覺得什麼是重要的、認為某件事是好是壞或對他們有何意義，並且用語言表達他們可能經驗到的各種情緒，都是討論感受時該重視的層面。

感覺

在語言能力尚未發展之前，我們活在感覺的世界，這些感覺形塑了我們內心的主觀體驗，有時它們尚未成形，也沒有定義。事實上，左腦的語言意識優勢可能會讓我們覺得這些模糊、活躍、流動的內在歷程並不重要，也不值得關注。然而近期的研究證明，這些感受是讓我們了解哪些事物對自己有意義的重要線索；身體感覺是大腦理性決策過程的基礎。

感覺是精神生活的核心基礎。在現代社會，我們經常忽視對感覺的覺察力，然而這項未經開採的資源，卻蘊含著豐富的洞見和智慧。隨著我們對內心狀態和伴隨而來的感覺有更多了解，連貫性的自我認知也會隨之加深。

和孩子一起回顧感受時，想想身體的感覺會很有幫助。不妨問問自己和孩子：身體有什麼感覺？你的胃現在覺得如何？你的心跳是不是很快？你是不是肩頸緊繃？集中精神在這些感覺上，想想它們對你和孩子的意義是什麼。你可以問孩子：「你覺得你的身體現在想要告訴你什麼？」**請寬容地接受這些非語言訊息，這是直接了解孩子和自己的管道。**

知覺

每個人對於現實環境都擁有自己的知覺（perception）。尊重他人獨特的觀點不僅是「一件好事」，也是在神經科學上被證實的有效方法。寬容地接納他人經驗的獨特性並不容易。

我們經常認為自己的觀點才是對的，其他人的想法則是扭曲的，因此很容易落入一個謬誤：認為自己的觀點才是看待問題唯一正確的方式。

「後設認知」（metacognition）是指對自身思考進行思考（指對自己認知歷程的認知），它是兒童學習事物的過程。這個過程的重要部分之一，就是學習「表象與現實的區別」，多半在兒童三歲到九歲之間開始發展。我們會逐漸知道，事物呈現出來的表象並不一定是真正的樣子。舉例來說，幼兒可能會相信他們在電視上看到的都是真的，然而大一點的孩子會知道影片製作團隊運用了特效，雖然看來像真的，事實上是人為創造的。後設認知的另一個元素是「表徵改變」（representational change），意指人會隨著時間而改變對事物的觀點；也就是說，你可以改變自己的想法。「表徵多樣性」（representational diversity）是指接受他人從跟我們不同的觀點看待同一件事物的能力。這種能力的具體呈現是：孩子能理解雲霄飛車對某人來說是刺激的娛樂方式，對另一人來說卻是恐怖的體驗。

此外，後設認知能力還包括情緒的理解，亦即情緒後設認知。孩童會逐漸認識情緒對觀點和行為的影響，也會明白人可能同時擁有多種矛盾的情緒。情緒後設認知和其他後設認知都是反思性對話的重要組成，同時也是「情緒智能」的一部分。自然地，這種後設認知發展並不會隨著童年時期結束而告一段落；我們一輩子都在這個重要領域學習。

記憶

記憶是大腦將經驗編碼、儲存並在日後提取的基本方式，會影響我們未來的經驗和行為。記憶包括兩種基本形式：我們生來就擁有內隱記憶，能夠儲存行為、情緒、認知和身體方面的記憶。內隱記憶還能夠透過心智模型對經驗進行類化，形成對現實的認知。

外顯記憶的發展較慢。一般來說，嬰兒在一歲以後才擁有事實記憶（factual memory），兩歲後才擁有自傳式記憶。和內隱記憶不同的是，外顯記憶在回顧時會伴隨著「我正在回憶」的感覺，這個外顯形式就是我們通常所認為的「記憶」。

在孩子遇到特定經驗後和他們進行回顧討論，是很重要的事。父母參與「記憶對話」可以幫助孩子提升記憶力。在敘述過程中，父母和孩子共同創造日常生活中的故事。記憶對話和共同建構相輔相成，從記憶中提煉出故事。藉由一個共同建構的故事連結過去、現在和將來，我們會共同理解自己在一段時間中的變化。這個理解過程是取得連貫性自我意識的關鍵。

信念

信念是我們認識自身和他人的核心。「信念」指的是我們對世界運作的看法，它來自於我們透過心智模型對所建構現實的理解。構成無意識心智模型的經驗也是信念來源的一部分，因此，即使在無意識的狀態下，信念也能發揮作用。

和孩子討論信念時要記住：即使是孩子，也擁有自己對這個世界的看法。想了解孩子的想法，你可以先問問開放式的問題。比如：「你覺得為什麼會發生那樣的事？」、「你覺得這個是怎麼運作的？」、「現在你有不一樣的想法嗎？」、「你認為她為什麼會在派對上哭了？」

關注信念的方式有很多，重要的是：父母必須保持開放的心態，傾聽孩子的想法。我們的信念來自於過去和現在種種的經驗。

知覺態度

相較於信念或者信念系統，人在第一時間的態度表現出的心境要來得更短暫。這種以獨特方式產生認知、理解和反應的傾向，形塑了我們經驗的每一個層面。態度直接影響了我們面對某個情況的方式。此外，我們對事物的感受和當下的行為，都透過態度而建立，也直接影響了我們和他人互動的方式。

直接和孩子討論態度和「心境」（state of mind）這些概念，是十分有益的。比如，如果孩子經歷了情緒崩潰，很重要的是在事後跟孩子一起為這個狀態取個具體的名字，比如，大發脾氣、崩潰、情緒龍捲風或者火山爆發等等。和孩子一起討論當時的感覺和想法。這個討論過程能夠幫助孩子深入了解心理狀態和情緒發生變化的本質，並且了解這種短暫的變化會深深地影響我們對待他人的態度。

意圖

我們都有一種意向立場會建立對未來的期望，並且形塑我們的行為，然而結果並不一定總是能符合我們的意圖。有時候，我們的行為所產生的結果會跟自己想要的不一樣，我們可能會有不同的意圖，而且其結果互相衝突，這在親子之間的複雜互動裡尤其如此。你可能在希望孩子「過得開心」的同時，也希望透過限制孩子的行為，來讓他養成特定的價值觀。你並不是抱持單一意圖，導致你的行為相互矛盾、令人困惑。想要揭露行為或語言背後的真意，討論一下互動中意圖的作用，大有幫助。

和孩子共同思考意圖的本質，可以幫助孩子理解渴望和實際結果之間的區別。舉例來說，你的孩子想和其他孩子交朋友，但他採取的行動太過激烈，導致另一個孩子疏離，那麼和孩子討論他的意圖和將來可以怎麼做，也許會有用處。你的孩子試圖表達邀請的行為，在另一個孩子看來卻顯得很不友善。了解到我們的意圖在其他人看來可能是另一個意思，在這複雜的社交社會中意義重大。當你和孩子一起思考內心和人際間的重要面向時，事實上就是在幫助孩子培養社交技巧和情緒控制力。

反思性對話

——在親子互動中，採取心智直觀的立場

當父母和孩子在對話中探討人們內在的思維過程時，孩子們就開始發展心智直觀。**假如父母只專注在孩子的行為上，而沒有考慮到行為背後的動機，最後往往只得到短暫的結果，無法幫助孩子認識自己。**他們會快速反應，並且去做任何能立即減輕自己或孩子的痛苦的事，如同在暴風雨中的船隻隨意找個港口停靠。假如每次事情變糟，我們便隨意找個港口停靠，那麼永遠無法抵達目的地。身為父母，我們有機會在親子互動中採取「心智直觀的立場」，幫助孩子發展能在日後改善他們人生的心智直觀技巧。想想什麼對孩子長期的性格發展意義重大，可以讓你在決定如何回應孩子的行為時，具有更強大的意圖。

如果我們和孩子都能用充滿愛心和耐心的態度，就有機會建立尊重和加強個體性的對話。假若父母能尊重他人的主觀現狀，就能幫助孩子強化心智直觀。想表達這種意圖，和孩子們就內在精神生活進行反思性對話是個好方法。

例如，講故事的時候，你可以和孩子討論故事中某個角色的想法和感受，幫助孩子進行同理想像，並且累積明確表達內心想法的必要辭彙。語言讓我們得以表達、理解並溝通想法，進而在社交環境中找到更合適的解決方法。心智直觀能力能夠加強我們在複雜人際互動中的應對能力，我們如何用語言跟孩子溝通，會為他們理解自身經驗提供新的意義和面向。

有些聽障孩子的父母善於使用手語，有的父母則不擅長。曾經有項研究，針對這兩類聽障孩子的心智直觀能力進行比較，發現善用手語者的心智直觀能力正常，而不擅長使用手語者在這方面明顯不足。研究者認為，出現顯著區別的原因在於，不擅長運用手語的父母較少跟孩子溝通心靈方面的問題，而在擅長使用手語的父母和孩子時常進行這類的溝通。此外，還有研究證明，假如父母經常討論情緒，尤其是關注其背後的原因，那麼孩子就會清楚理解情緒在生活中的作用。這樣的對話、角色扮演和說故事等等，對於發展心智直觀具有十分重要的意義。

另有研究發現，在父母控制欲強或者充滿負面氣氛的家庭中長大的孩子，心智直觀能力會受損。其他研究顯示，如果父母的行為充滿侵略性或威嚇，孩子的反思能力就無法充分發展。研究者發現，強烈情緒本身並不是問題。假如父母能夠在困難的情緒經驗中提供支持，孩子便有機會對心靈有更深入的了解。**與其將日復一日的衝突當作麻煩，父母不妨利用這些高度緊張的情況進行反思性對話，加強孩子心智直觀的能力。**

心智直觀建立在基於語言的反思性對話之上，但也承認生活中非語言的、情感的和無意識層面的重要性。語言之所以重要，是因為它讓大腦發展出與世界有關的抽象概念。但基於文字的語言卻只是全局的一部分：研究表示，心智直觀能力多半仰賴右腦的非語言運作過程。事實上，心智直觀要求我們以流暢的方式整合社交互動中模糊微妙的層面，而這正是右腦的專長。創造出這些表徵並使其停留在腦中的時間長到足以進行處理，是非常複雜的能力。心智化來自於「中央統合」（central coherence）能力，而這一能力會自動且無意識地產生對社交世界的理解。

假如你發現女兒下課後在家裡走來走去，顯得很暴躁，你可能會想：「一定是學校的表演彩排開始了，而她連一個角色都沒有，感到很失望。」我們總會經由最近發生的事情，來推斷某人當下的行為。有時候，我們只是對某件事有直覺，儘管我們並不知道，但事實上腦海中卻已經做出結論。記住，身體的動作是透過右腦的活動來呈現；而右腦也是自我意識和社交思考的來源。注意我們的內心感受可以幫助我們接受他人的主觀經驗，並且對他們的思考而不只是行為做出相應的反應。

與其斥責女兒的不是，不如和她談談她的感受，分析是什麼讓她的情緒暴躁。

「今天妳好像不大開心？能不能告訴我？」

幫助孩子建立自我認識的另一個方法，就是說故事。和孩子一起回顧這一天，可以幫助年幼的孩子記憶並整合人生事件。父母可以用溫和、中立的態度回顧一天的經驗，包括麻煩和開心的事情。透過這樣的方法，讓孩子學會整理一天裡的情緒起伏。

上床時間是回顧一天活動的好時機。在一天要結束時，可以和你的小孩一起回顧他的一天。鼓勵孩子在說故事的過程中，說出自己的記憶和想法，並且鼓勵孩子隨時提出問題。

「你今天做了好多事。吃完早飯我們去公園，我幫你盪鞦韆的時候，你好高興，飛得很高，然後雙腿來回盪著，開始靠自己盪起鞦韆。你有什麼感覺？我說要回去午睡時，你不大開心。等你睡醒時，我在花園裡種花，因為我沒有和你一起種，你生氣地拔掉一些花，我氣得大聲制止你，叫你立刻住手，是不是嚇到你了？你很難過，而且哭了，後來你覺得好點了，就在我種的花旁邊也種了些。晚飯前，你幫我洗菜，再撕成一片一片放進碗裡做成沙拉。你還記得爸爸說了什麼嗎？爸爸說沙拉很好吃。你似乎很替自己驕傲。你還記得今天發生了什麼事情嗎？」

麻煩的情緒問題最好在白天解決。這時候孩子和父母都處於警惕狀態。利用圖畫或者玩偶為孩子講故事，能夠幫助孩子理解發生的事，進而處理和整合這個難過的經驗。說故事給孩子聽，可以幫助他擺脫苦惱事件中困惑或不高興的一面。

從某種程度來說，父母是孩子經驗的複讀機，可以記錄孩子的經驗並給予回饋，讓孩子了解自己所經歷過的一切。透過早期的教養回顧，孩子才明白自己是誰，並且學會如何理解這個世界。反思性對話能夠培養連貫感，幫助他們理解外部行為背後的內在歷程。

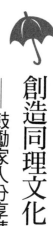

創造同理文化

——鼓勵家人分享情緒、學會體諒，為孩子樹立榜樣

反思性對話是透過在家庭內部創造同理文化，從而塑造心智直觀的能力。文化包含了一連串的假設、價值觀、期望和信念，會形塑我們和他人互動的方式，並影響在我們生活中有意義的事物。就更大的社會層面而言，文化實踐對於日常生活的許多方面都有影響。我們的生活中，充滿強調精神性、利他主義、教育、物質主義或競爭的價值觀。在家裡，我們會創造出一種環境，透過自己的行為以及對孩子各個生活面向的注重，直接或間接地表達我們的價值觀。同理文化會促進家庭成員彼此尊重和欣賞，並在互動中給予理解和體諒。透過細心安排，我們就能選擇自己在乎的價值觀，在家中創造出對孩子日常生活意義深遠的文化。

家庭中的同理文化氛圍會鼓勵家人彼此分享情緒，承擔痛苦和品味快樂，這是十分可貴的。學會體諒，就能將情緒共鳴擴大到更加概念化的領域，此時語言就可以用於深化對話、增進理解。如果每個家庭成員都能理解並尊重其他人，就更能夠關懷他人。**體諒的心情和同理的舉動在一個家庭中，就像學業成就一樣別具意義。父母經由行為表現出同理和體諒的價值觀，也是在為孩子們樹立榜樣。**

有了心智直觀，家庭成員之間的內在世界就有了意義和聲音。家庭對話可以交織出人生故事，讓我們有機會運用反思性的語言，分享彼此的經歷和感受。心智直觀來自於反思性對話，而這種心理對話也是家庭生活的一部分。由於日常生活繁忙，我們很少有機會進行這種行為，但若為人父母者能夠採取心智直觀立場，願意以同理心從事教養行為，那麼這種溝通發生的可能性就會大大增加。和孩子們一起講故事、扮家家酒，討論其他人的主觀體驗，進而激發他們的同理心，學會表達自己真實的情感。

透過培養反思性對話，我們可以加強自身和所愛的人的心智直觀能力。心智直觀會隨著我們和其他人建立更新更深的連結，而在一生當中持續發展。把反思性對話當作親子生活的一部分，就可以幫助孩子發展自己的心智直觀，加強彼此之間的親密感。這些連結能讓我們超越身體的障礙，成為「我們」，進而使我們的生活，甚至這個世界變得更豐富、多采。

教養練習題

1. 召開一次家庭會議，了解一下家庭成員對於同一事件的看法和感受。這是一個提出問題的好機會，可以讓你深入了解心智元素，並且幫助孩子培養心智直觀。
2. 和孩子坐下來，討論你們共同經歷過的事情。當其中一方回顧時，另一方要注意對方和自己看法的不同之處。引領孩子回顧你們經歷事件時的心智元素。試著將對話集中在對心智元素的分析上。

3. 和孩子一起製作一本家書。每位家庭成員擁有一個章節的篇幅，用圖像和語言來敘述自己的故事。可以在書中放進照片、圖畫、故事和詩句，充分發揮家庭成員的創造力。這樣的共同創造能夠記錄你們的家庭生活，並且加深家庭成員之間的關係。

反思性對話與人際溝通，有助於孩子深化對自己和他人的理解

人類是社會動物。我們已經演化了幾百萬年，透過使人類適應及繁殖的自發突變，從多樣性的生成過程中存活下來，跟上先前歷代物種的潮流。最近，對於人類進化的研究不只限於基因延續和身體結構的改變，更將人類思考的變化列入研究對象。這種心智的轉變或者文化的進化，牽涉到大腦和大腦之間、兩代之間意義的創造和知識分享。

大多數的哺乳動物都是社會動物，而這種社會性是由大腦的邊緣組織決定的。靈長類動物尤其擅長使用複雜的溝通方式反映對方的狀態，從而完成複雜的社交功能。我們遠在五百多萬年前和黑猩猩是一家，如今演化至此的我們所擁有的思考能力遠遠超過了近親的靈長類動物：我們可以表達他人和自己的想法。許多學者認為這種表達想法的能力，就是所謂的「心智理論」、心智化或者心智直觀，讓我們能夠形成廣義的世界觀。這種理論化的能力得益於大腦前額葉皮質區域的發育，使得我們能夠發展人類生活中的文化組成：表現藝術、對世界的表達（即科學），以及表現語言（讓我們能夠記錄並且溝通抽象概念）。

人類這一能力的發展令文化進化得到了迅速發展。下面是學者史蒂夫．米森（Steve Mithen）關於文化和思考理解的看法。

我們必須承認，文化環境對心智理論發展的時機和本質具有影響。心智理論會不斷地加強文化環境影響的廣度、深度和準確度，因此將心智理論編碼到基因中的個體——無論

程度強弱——會在早期祖先的社會中擁有相當的繁殖優勢……有一種可能是，這反映出語言作為維持社會凝聚力工具的演化根源。

由此，語言和社交功能一樣是在不斷進化的。那麼孩子們所擁有的語言經驗是怎樣影響他們的發展的？對此，米森的看法是：

孩子到了四歲就開始參與讀心過程；事實上他們似乎是在不間斷、強迫性地這樣做。毫無疑問，這是人類和黑猩猩之間的重要區別……舊石器時代晚期藝術中有一種假想怪獸，這種怪獸和相關的儀式活動——這種活動經常需要進行偽裝——似乎證明了當時那些壁畫工匠們也能夠讀心。無論從能力的發展還是進化方面來看，語言能力的一些形式都很有可能是心智理論成立的前提。

這種演化及文化的觀點，讓我們看到了語言發展和「看見」和「構思」心靈的能力之間的關係。假如某種文化的語言並不包含心靈語言的話，會是什麼情況？這種「精神狀態」的術語在所謂的西方文化中確實存在，但並非所有文化都是如此。

文化研究者潘娜洛普．文登（Penelope Vinden）和珍妮特．阿斯汀頓（Janet Astington）注意到，心智理論的發展和許多因素有關，包括語言發展、情緒理解、角色扮演、教育方式和社會地位。這些研究者指出，為了理解有關心智理論的研究，我們有必要理解其發展的文化背景。

語言的重要性在於，我們是透過它來創造文化。這是互動的必要工具——語言運用並

不是個人行為，而是參與者基於共同的背景所進行的合作活動。從廣義上來說，所謂的共同背景指的是共同的文化背景……我們立足於精神層面來理解自己和他人，即使對方是最年輕的人類，也就是嬰兒，我們也一視同仁。透過彼此的互動和辭彙的運用，我們能夠理解對方的精神狀態……正因如此，孩子在學習我們的語言同時，也學習了語言運用中所隱含的心智理論。

這樣一來，我們和其他人溝通的方式就對我們為彼此創造的現況本質產生塑造作用。在一些文化當中，創造出共同的心智存在感可能原本就存在於該社會系統的信念之中。而在其他文化中，這樣的信念對於成員來說並不屬於日常生活的一部分。文登和阿斯汀頓強調，並不是所有文化都像我們一樣，他們對心智的想像可能跟我們截然不同。對一些群體來說，「心智」這個概念可能根本不存在。他們可能自有一套方法來解釋建構社會互動的行為，而不是仰賴心智這個概念。

這樣的文化可能缺乏關於精神狀態的辭彙，而文化中的個體在西方用於測試心智理論的試驗中表現不佳。文登和阿斯汀頓又表示：「也許正因為我們關注心智的理解，我們會對非普遍性的心智表現出一種文化『痴迷』現象。也許其他地方的孩子能在不同的文化背景中養成行為理論、身體理論、持有理論或者多元理論等等。」

這樣的觀點對於我們心智直觀的發展運用很有幫助。儘管所有文化在本質溝通上都存在偶然性，但並非所有的文化都對心智有複雜的理論，甚至也沒有表達這些理論的辭彙。從基因的角度上說人類似乎與生俱來就擁有心智直觀的能力，而一些研究也直指控制這些功能的神經結構，但也許並不是所有的文化都依賴於這種能力的發展。文化的本質特點在於，成員之間在意義的創造和真實性的定義上擁有共同的經驗。文化偏見滲透著我們對心智和對自我

的基本定義，當我們在不同文化背景下解釋研究成果並評估教養建議的實用性時，千萬要牢記這一點。

心智理論：心智直觀的經驗基礎

人類學和神經學的學者都在積極研究人類互相理解的能力究竟來自哪裡。威爾曼（Wellman）和拉加圖塔（Lagattuta）提出了以下說法：

> 人類是社會動物：我們由他人撫養，又撫養他人，我們生活於家庭之中，我們合作，我們競爭，我們溝通。不僅我們的生活是社會性的，我們的思考也是如此，我們對於人類、關係、群體、社會機構、習俗、禮儀和道德發展出許多概念。「心智理論」研究的核心理念就在於，某種特定的理解組織了社會認知、概念和信念的發展，並且使之成為可能。這一理念還尤其指出，日常生活中對他人的理解在原則上都是精神層面的；我們依照人們的精神狀態——包括他們的信念、渴求、希望、目標和內心感受——來評價一個人。因此，心智化無所不在，並對我們理解社交社會起著關鍵作用。

西蒙．巴倫－科恩（Simon Baron-Cohen）、海倫．塔格－弗路斯堡（Helen Tager-Flusberg）和唐納德．科恩（Donald Cohen）對於心智理論能力的重要性提出了這樣的定義：「透過間接和有意識的方式理解他人和本身行為的手段和意圖，對於孩子的社會化十分重要，對於成人產生同理心並正確地理解彼此也意義非凡。讀取他人內心想法的能力有著一個非常悠久的進化過程，它以神經生物學為基礎，並且在初始的親密人際關係中起著重要的作用。」

促進自我認識的經驗以心智直觀經驗為基礎。理解自己的想法，似乎能夠加強理解他人想法的能力。

反過來說，若父母能夠經常和孩子討論關於情緒的話題，尤其是討論情緒對行為和思考的影響，孩子就能在更深的層面上理解情緒——不管是自己的，還是他人的。

認識自我和認識他人是怎麼連結起來的？克里斯・弗里斯（Chris Frith）和尤塔・弗里斯（Uta Frith）利用心智理論的基礎神經心理學機制，針對這些問題進行了解：

我們發現，人類推測他人意圖的能力來自於分析其他生物行為的系統，而這些關於他人行為的資訊與自身中央前額葉區域表現出的精神狀態相結合。我們認為，人類進化出理解自身和他人想法的能力，來自內省能力（讀取自己的想法）的發展，以及更古老的社會腦在觀察他人行為方面的適應能力。

這樣一來，我們就將自己內心的經驗和我們對其他人行為的觀察連結到了一起。

社交經驗是人類發展的推動者。我們的社交社會並不僅僅是個偶然的環境，更是我們的心智進化和兒童心智發展的重要社會母體。

黎安農・科克蘭（Rhiannon Corcoran）檢視了理解心智的社會認知能力會透過何種方式在一些情況下受到損害。她對於心智理論建立於經驗之上這個觀點提出了如下模型：「模型是

這樣運作的：當人試圖弄清楚另一個人的想法、意圖或者信念時，他做的第一件事就是內省，試著判斷自己在當下情境裡的思想、信念或意圖。我們會參考自傳式記憶的內容，而任何跟自己相關的資訊都會從這個來源被提取出來。」

這個設想指出，內省（自我理解）跟理解他人心智是緊密相關的。科克蘭指出，發展心理學研究者「強調初始心智理論能力和初始自傳式提取能力出現時間是很接近的。」；豪威（Howe）和卡勒治（Courage）、韋爾奇（Welch）和梅麗莎（Melissa）都提出了同樣的說法。其他的學者則注意到心智直觀、執行能力和自傳式記憶這些過程的重疊性，而這完全取決於完好的右半腦前額葉功能。執行能力包括計畫、組織和抑制衝動的能力，是彈性反應能力的一部分。

假如心智直觀和這些重要的心智過程是相互交錯的，那麼怎樣的經驗可以促進這些能力的發展呢？科克蘭對此有如下表示：

許多研究不約而同地表明，環境因素對於心智理論能力的充足發展發揮著重要的作用。許多作者都將父母的忽視、虐待等負面或異常的記憶列為心智發展不足的原因……其他的臨床研究都明確指出，（除了心智理論能力受損的自閉症兒童的情況之外）心智能力的發展來自於家庭成員之間的互動。

這些早期的關鍵元素都表明，心智理論的發展包括同理互動（分享情緒）、非語言溝通（使施與受的溝通模式得以實現）、共同注意力（共同注意第三個物體）和角色扮演（透過賦予非生物一些生物的特質，來創造想像的場景）。隨著孩子成長，心智直觀能力會在後設認知的例子裡變得更加明顯。後設認知的發展會讓兒童的心智理論更加精細，進而適應複雜多變的社交生活。

心智直觀和大腦：右腦半球和前額葉區域的整合作用

大腦是怎樣創造出心智的？為了理解自己和他人的心智，我們可以先了解一下大腦處理資訊的大致方式。「中央統合」指的是尤塔．弗里斯所謂的分散回路連結為一個連貫整體，它對於表現他人心智的能力十分重要：

社交理解並不是獨立於統合性之外的——為了理解他人的想法和感受，人們在現實生活中需要將情境列入考慮範圍，並且將各種各樣的資訊整合起來。因此，當我們從更偏自然主義或者與情境有關的角度來衡量社交理解時，我們很可能需要中央統合的幫助——而對於中央統合較弱、細節關注能力較差的人來說，為取得社交理解而進行的資訊建構相對困難。

大腦是怎樣獲得這種整合能力的？大腦回路為我們提供了一些線索：研究發現，右大腦半球和高度整合的前額葉區域在心智化過程中表現活躍。心智理論可能取決於大腦對於模糊或難以定義的現象或想法所進行的表達，而這正是右大腦半球的專屬領域（布朗奈爾〔Brownell〕等）：

比起左半球，右大腦半球更擅長處理微弱或者分散的連結，以及低頻率的替代意義。此外，右大腦半球在長時間的間斷中更能夠保持活躍狀態。當某一事物沒有單純準確的解釋時，右大腦半球就會發揮更多作用：比如說當好幾個想法必須進行整合，或者剛開始有吸引力的解釋必須為了另一個有利解釋而遭到捨棄時……右大腦半球是具象系統啟動的必

要工具，對於隱含或者創新（而不是明確、基於現有慣例）的想法更是如此……右大腦半球在隱含意義領域表現突出。

作者注意到，根據大腦掃描研究顯示，前額葉區域和右大腦半球的功能之間並沒有明確的界線。因此，右大腦半球和前額葉區域在心智理論問題上都經常被提及，這兩個大腦區域都跟整合功能高度相關。

為了完成心智理論過程所要求的整合作用，大腦會把左右半球連結到前額葉區域。為了達成心智化，這些整合回路都必須維持其表徵，對各種各樣的連結關係進行處理。

> 為了對模糊或者多步驟的任務進行合理的反應，多元表徵集合（heterogeneous representational sets）需要在較長的時間內保持活躍。前額葉區域和大腦其他相對次級區域的高度連結，使得這個大腦區域相當適合維持這類運算所需的廣大網絡。

大腦的各個區域會根據社交任務的性質參與其中。研究者推論，潛藏在精神狀態內容背後的神經活動會根據任務性質的不同而有所變化。需要維持並更新模糊關聯資訊的較新任務，會要求右大腦半球的啟動，而較例行的任務則大部分由左大腦半球回路負責。

布朗奈爾和他的同事如此歸納他們的觀點：

> 我們認為，大腦右半球和前額葉區域對於正常的心智理論來說都不可或缺；任何一方受到損害都會導致任務無法正常完成。當人們需要保持長時間的思考連貫性、遇到新情況（也就是缺乏適當的決策演算法）或者需要維持替代的情感標記時，這些功能都會增加右大腦半

球的潛在付出……一般情況下，前額葉區域和邊緣區域需要完成決定時，右大腦半球會負責保存其所需的原始材料。

從這些探討中，我們可以得到一個結論：心智化過程需要各種神經回路的配合，才能夠發生高度整合的社會認知。由於這些回路都從兒童期開始發展，因此我們不難想像，假如家庭環境能夠支援孩子們整合功能的發育，經常進行反思性對話和其他人際溝通，那麼孩子就能深化對於自身和他人的理解。

家庭內部經驗能夠促進前額葉區域和右大腦半球整合功能的發育，從而促進人類心智直觀能力的發展。

至於其背後的原因，將來跨學科研究也許能為我們提供合理的解釋。

後記——

養兒育女是一段自我發現之旅

養兒育女提供了我們終生學習的機會。孩子的存在將我們置於一種關係之中，鼓勵我們深化和他人、和自己的連結。

我們想盡己所能地做好父母的工作，即使我們自己沒有美好的童年經驗可以提供給孩子，但我們並非注定要重複過去。透過理解自己的童年經驗，我們就有機會將正念帶進自身經驗中，並且將選擇帶進日常的親子互動中。當我們放下過去的包袱，就能以新鮮的期待和自發性過著更圓滿的生活。

過去所遺留和未解決的問題，會阻礙我們和孩子建立愉快而安全的依附關係。安全感是孩子們健康成長的前提，研究發現，當人與他人處於和諧的情緒關係時，個人對他人的依賴就會往安全的方向發展。作為父母，我們當然希望能儘早為孩子提供這種安全感，但從現在做起並不會太晚。隨著我們和孩子在權變溝通、彈性反應、破裂和修復、情緒連結和反思性對話方面的互動日益增加，我們也在提高他們的安全感。

我們並不需要成為偉大的父母，才能把孩子教好。為人父母賜予了我們機會，得以理解過去的經驗，重新解讀自己。我們的孩子並不是這個過程中唯一的受益者：由於我們將過去的經驗整合成連貫的生活歷程，我們本身的生活也會變得更豐富且充滿活力。

在兒童的依附關係方面，最令人驚奇的發現是：父母的人生故事連貫性會讓我們明白如何加強親子間的親密度。我們並不是注定要重複過去的模式，因為我們可以在成人之後透過理解過去的經驗培養安全感。如此一來，在童年生活中有過不愉快經驗的人，就能理解過去對現在的影響，認識到它對於我們和孩子的互動所起到的塑造作用。理解自身的生活經驗使得我們與孩子的連結加深，生活愉悅而和諧。

要過著和諧的生活，關鍵或許就在於整合。保持正念、活在當下、懂得尊重和寬容自己與他人，這些都能幫助我們開始加深自我認識的旅程。我們所說的整合，意指把此時此地與時間的超越性連結起來的過程。當我們透過思想和行為來理解生活歷程，整合也會涉及情緒與感覺的連結。

由於情緒是個整合過程，因此我們如何平衡和分享情緒，就反映出我們達到自我整合及人際整合的方式。當我們連結自己的感受時，我們就為連結他人做好了準備。我們正是透過分享感受，才創造出了有意義的連結。在整合過程之下，我們的大腦會創造連貫性，從而能夠培養出更深層的活力感、連結和意義。

在高層次模式之下，我們會停下來思考各種反應，並從一連串的可能性中進行選擇。情緒智商是彈性的同義詞。當我們的思考進入低層次狀態，我們就停止了整合能力，進入低層次模式：反射反應控制了我們的行為。我們過去未解決的問題依舊懸而未解。我們陷入了困境。

每個人都有未解決的問題需要用正念來處理。我們在各種各樣的情況下都會陷入低層次

狀態。如果放任驕傲或者羞愧感阻擋我們認清這些模式，我們就會失去心智直觀能力，無法從過去的牢籠中解放出來。

心智直觀取決於一種整合模式，能夠讓我們看清自己和他人的想法。有了心智直觀，我們就能夠集中關注心智元素——思考、感受、感覺、知覺、記憶、信念、態度和意圖——這些共同構成了我們內在主觀世界的核心部分。

和諧生活的關鍵在於整合各種經驗，對身體感受、情緒和生活經驗進行整合是非常重要的。這種強化的自我認識會藉由過去和現在的連結，使得我們跟自己和孩子建立起連結感，成為人生故事的主宰。

情緒調和過程會使得我們跟自己和孩子直接連結在一起。這種調和是人與人之間的一種整合模式。調和的核心是非語言訊息的分享，包括語氣、目光接觸、面部表情、手勢、時機和反應強度。注意孩子給的訊號和注意自己的身體感覺同樣重要，身體感覺是認識自己想法和價值觀的重要基礎。**情緒溝通能讓我們感受到孩子的快樂，跟他們一起擴大這種正向狀態。這種情緒的結合還能夠讓我們感受孩子的痛苦，透過支持性的關係減輕他們的苦惱。情緒溝通將我們和他人更加完整地連結。**

身為本書作者，我們樂於共同合作，為上述提及的心理活動尋找合適的表達方法，而且運用了我們從個人、從生活和從研究中所學到的東西。創造連貫性是人生的任務，其最深層的形式就是精力、資訊和心智本質的整合。我們參與心智的時空旅行，透過對自己的深入了解，將過去、現在和將來相互連結。儘管語言無法完整表達這樣的過程，但是簡而言之：我們是互相連結的。我們會跨越時空隔閡，將彼此連結起來。人生故事與我們之間的緊密連續將會持續一生。

創造連貫性是一種終生的探索，自我認識的整合是永不停止的挑戰。學會成長和改變，是我們將挑戰化為發現之旅的來源，也是獲得連貫性的前提。我們希望本書能夠打開你思考的大門，讓你看到新的可能，加深你與孩子之間的關係，陪伴你走向更加完美和諧的人生。

致謝

倘若沒有家庭、朋友和同事們的支持，我們不可能完成此書。我們對這些年來的知交充滿感激。此外，還要感謝孩子們、家長、老師和學生為我們在生活和人際關係的學習提供的幫助。

感謝第一長老會托兒所的父母和教職人員，感謝他們為此書提供的靈感和對育兒的熱情。感謝邁克爾・席格和普里斯希拉・科恩在著書早期階段與我們會面，並為我們介紹著作經紀人米利姆・阿爾茲舒勒，他為我們的工作給予莫大的支持。感謝我們的發行人，企鵝出版社的傑勒米・塔徹。他看到此書的獨特之處及對父母們的價值。我們和編輯薩拉・卡德的合作非常愉快，她幫助我們整理原稿，陪我們一路走到書籍發行。感謝凱薩琳・斯科特高超的修改技巧，是她讓這本書更趨完善。

感謝伊旺・哈茲爾極具天賦的攝影和馬克・帕格尼諾充滿藝術意味的專業技術。

還要感謝瑪麗・梅恩博士對製作本書的鼓勵，以及感謝艾倫・索洛夫博士為我們進行完稿校對，從而保證此書在情感依附和發展領域的時新性。

此外，有許多人犧牲寶貴時間為我們的書提出珍貴的建議。感謝強納森・弗里德，喬麗・高蒂諾，麗莎・理姆，雪麗・普希克，莎拉・斯坦伯，梅麗莎・湯瑪斯和卡洛琳・韋爾奇，感謝他們為此書發行和實用性所提供的幫助。

野人家115

不是孩子不乖，是父母不懂！

腦神經權威╳兒童心理專家 教你早該知道的教養大真相！

作　者　丹尼爾．席格（Daniel J. Siegel, M.D.）、
　　　　瑪麗．哈柴爾（Mary Hartzell, M.ED.）
譯　者　李昂
審　閱　楊啟正、吳治勳

總 編 輯　張瑩瑩
副總編輯　蔡麗真

責任編輯　蔡麗真、李依蒨
協力編輯　謝維玲
美術設計　洪素貞
封面設計　16design
行銷企畫　黃煜智、黃怡婷、劉子菁

出　版　野人文化股份有限公司
發　行　遠足文化事業股份有限公司(讀書共和國出版集團)
　　　　地址：231新北市新店區民權路108-2號9樓
　　　　電話：（02）2218-1417　傳真：（02）8667-1065
　　　　電子信箱：service@bookrep.com.tw
　　　　網址：www.bookrep.com.tw
　　　　郵撥帳號：19504465遠足文化事業股份有限公司
　　　　客服專線：0800-221-029
法律顧問　華洋法律事務所 蘇文生律師
印　製　凱林彩印股份有限公司
初　版　2013年12月
三版4刷　2023年6月

定　價　330元
I S B N　978-986-5947-50-7　
歡迎團體訂購，另有優惠，請洽業務部（02）2218-1417分機1120、1123

國家圖書館出版品預行編目資料

不是孩子不乖,是父母不懂!：腦神經權威X兒童心理專家教你早該知道的教養大真相! / 丹尼爾.席格, 瑪麗.哈柴爾作. -- 初版. -- 新北市：野人文化出版：遠足文化發行, 2013.12
　面；　公分. -- (野人家；115)
譯自：Parenting from the inside out : how a deeper self-understanding can help you raise children who thrive
ISBN 978-986-5947-50-7(平裝)

1.育兒 2.兒童心理學 3.親職教育

428.8　　101022462

Parenting from the inside out by Daniel J.Siegel, M.D., and Mary Hartzell, M.Ed.

書 名

姓 名　　　　□女 □男　年齡

地 址

電 話　　　　手機

Email

□同意 □不同意　收到野人文化新書電子報

學 歷 □國中(含以下) □高中職 □大專 □研究所以上

職 業 □生產/製造 □金融/商業 □傳播/廣告 □軍警/公務員
□教育/文化 □旅遊/運輸 □醫療/保健 □仲介/服務
□學生 □自由/家管 □其他

◆你從何處知道此書？
□書店：名稱 ____________ □網路：名稱 ____________
□量販店：名稱 ____________ □其他 ____________

◆你以何種方式購買本書？
□誠品書店 □誠品網路書店 □金石堂書店 □金石堂網路書店
□博客來網路書店 □其他 ____________

◆你的閱讀習慣：
□親子教養 □文學 □翻譯小說 □日文小說 □華文小說 □藝術設計
□人文社科 □自然科學 □商業理財 □宗教哲學 □心理勵志
□休閒生活（旅遊、瘦身、美容、園藝等） □手工藝／DIY □飲食／食譜
□健康養生 □兩性 □圖文書／漫畫 □其他 ______

◆你對本書的評價：（請填代號，1. 非常滿意 2. 滿意 3. 尚可 4. 待改進）
書名 ____ 封面設計 ____ 版面編排 ____ 印刷 ____ 內容 ____
整體評價 ____

◆你對本書的建議：

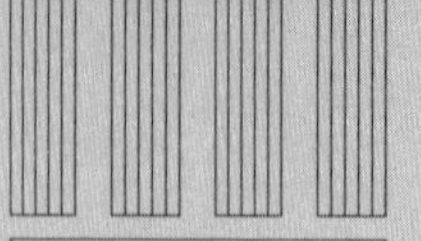

廣　告　回　函
板橋郵政管理局登記證
板橋廣字第143號

郵資已付　免貼郵票

23141
新北市新店區民權路108-2號9樓
野人文化股份有限公司 收

請沿線撕下對折寄回

書號：0NFL4115